Rotes Heft 106

Rechtsfragen beim Führen von Feuerwehrfahrzeugen

von
Ralf Fischer
Direktor des Amtsgerichts Schmallenberg (NRW)
Stadtbrandinspektor der Freiwilligen
Feuerwehr Schmallenberg

Verlag W. Kohlhammer

Dieses Werk einschließlich aller seiner Teile ist urheberrechtlich geschützt. Jede Verwendung außerhalb der engen Grenzen des Urheberrechts ist ohne Zustimmung des Verlags unzulässig und strafbar. Das gilt insbesondere für Vervielfältigungen, Übersetzungen, Mikroverfilmungen und für die Einspeicherung und Verarbeitung in elektronischen Systemen.

Die Wiedergabe von Warenbezeichnungen, Handelsnamen und sonstigen Kennzeichen in diesem Buch berechtigt nicht zu der Annahme, dass diese von jedermann frei benutzt werden dürfen. Vielmehr kann es sich auch dann um eingetragene Warenzeichen oder sonstige geschützte Kennzeichen handeln, wenn sie nicht eigens als solche gekennzeichnet sind.

Die Abbildungen stammen – sofern nicht anders angegeben – vom Autor.

1. Auflage 2020
Alle Rechte vorbehalten
© W. Kohlhammer GmbH, Stuttgart
Gesamtherstellung: W. Kohlhammer GmbH, Stuttgart

Print: ISBN 978-3-17-036490-5

E-Book-Formate:
pdf: ISBN 978-3-17-036492-9
epub: ISBN 978-3-17-036493-6
mobi: ISBN 978-3-17-036494-3

Für den Inhalt abgedruckter oder verlinkter Websites ist ausschließlich der jeweilige Betreiber verantwortlich. Die W. Kohlhammer GmbH hat keinen Einfluss auf die verknüpften Seiten und übernimmt hierfür keinerlei Haftung.

Inhaltsverzeichnis

Vorwort ... 11

1 Rechtsgrundlagen im Straßenverkehrsrecht ... 13

2 Deutsche Gesetze und Verordnungen im Straßenverkehrsrecht ... 16

2.1 Das Straßenverkehrsgesetz – StVG – ... 16
2.2 Die Straßenverkehrsordnung – StVO – ... 17
2.2.1 Die allgemeinen Grundregeln für den Straßenverkehr in § 1 StVO ... 19
2.2.2 Die speziellen Grundregeln für den Straßenverkehr ... 21
2.2.2.1 Geschwindigkeit ... 21
2.2.2.2 Abstand ... 23
2.2.2.3 Überholen ... 23
2.2.2.4 Vorbeifahren ... 25
2.2.2.5 Vorfahrt ... 26
2.2.2.6 Besondere Verkehrslagen ... 29
2.2.2.7 Halten und Parken ... 32
2.2.2.8 Besatzung und Sicherheitsgurte ... 32
2.2.2.9 Sonstige Pflichten von Fahrzeugführenden ... 34
2.2.2.10 Fußgängerüberwege ... 39
2.2.2.11 Fahren im Verband ... 41
2.2.2.12 Umweltschutz, Sonn- und Feiertagsfahrverbot ... 45
2.2.2.13 Verkehrshindernisse ... 47
2.2.2.14 Unfall ... 49

Inhaltsverzeichnis

2.2.2.15	Zeichen und Weisungen der Polizeibeamten.	52
3	**Die Fahrt zur Einsatzstelle mit Sonder- und Vorrangrechten.**	**55**
3.1	§ 35 StVO Befreiung von den Vorschriften der StVO.	55
3.2	Befreite Organisationen und Fahrzeuge.	59
3.2.1	Feuerwehren.	60
3.2.2	Katastrophenschutz.	61
3.2.3	Polizei.	62
3.2.4	Fahrzeuge des Rettungsdienstes.	63
3.2.4.1	Zugehörigkeit zum Rettungsdienst.	63
3.2.4.2	Höchste Eile zur Rettung von Menschenleben oder zur Abwehr von schweren Gesundheitsschäden.	65
3.2.4.3	RTW und NEF als Einheit.	67
3.3	Voraussetzungen für die Inanspruchnahme von Sonderrechten nach § 35 Abs. 1 StVO.	70
3.3.1	Erfüllung hoheitlicher Aufgaben.	70
3.3.2	Dringlichkeit.	73
3.4	Befreiung von bestimmten Vorschriften.	75
3.4.1	§ 1 Allgemeine Grundregel.	77
3.4.2	§ 3 Geschwindigkeit.	79
3.4.3	§ 4 Abstand.	79
3.4.4	§ 5 Überholen.	80
3.4.5	§ 6 Vorbeifahren.	81
3.4.6	Vorfahrt / Lichtzeichenanlagen.	81
3.4.6.1	Allgemeine Vorfahrtsregel und Vorfahrtsregelung durch Schilder.	81
3.4.6.2	Kreisverkehr.	83
3.4.6.3	Zeichen von Polizeibeamten.	83

Inhaltsverzeichnis

3.4.6.4	Vorfahrtsregelung durch Lichtzeichenanlagen	84
3.4.7	Straßennutzung	88
3.4.7.1	Nutzung verschiedener Fahrstreifen	88
3.4.8	Verkehrszeichen	89
3.5	Fahrten mit blauem Blinklicht und Einsatzhorn	107
3.5.1	Fahrten mit blauem Blinklicht allein	109
3.5.2	Fahrten mit blauem Blinklicht und Einsatzhorn zusammen	111
3.5.2.1	Voraussetzungen	111
3.5.2.2	Rechtsfolgen	113
3.6	Sonderfälle	115
3.6.1	Fahrten mit sonstigen mit Sondersignalanlage ausgerüsteten Fahrzeugen	115
3.6.2	Fahrten zu Übungs- und Schulungszwecken	117
3.6.2.1	Fahrten ohne Sonderrechte	117
3.6.2.2	Fahrten mit Sonderrechten	118
3.6.2.3	Fahrten mit blauem Blinklicht und Einsatzhorn	119
3.6.3	Fahrten mit Privatfahrzeugen	120
3.7	Die Straßenverkehrs-Zulassungs-Ordnung - StVZO	124
3.7.1	Verantwortung für den Betrieb der Fahrzeuge	125
3.7.1.1	Der Fahrzeugführer	125
3.7.1.2	Der Halter	126
3.7.2	Sondersignalanlagen	127
3.7.2.1	Blaues Blinklicht und Heckwarnsysteme	127
3.7.2.2	Akustische Signaleinrichtungen	130
3.7.2.3	Sonderrechte nach StVZO	130
3.8	Verordnung über die Zulassung von Personen zum Straßenverkehr (Fahrerlaubnis-Verordnung – FeV)	131
3.8.1	Einteilung der für Einsatzfahrzeuge relevanten Fahrerlaubnisklassen	132

Inhaltsverzeichnis

3.8.2	Geltungsdauer der Fahrerlaubnis.	138
3.8.3	Der »Feuerwehrführerschein« nach § 2 Abs. 10 a StVG.	139
3.8.4	Ausnahmen von der Fahrerlaubnisverordnung.	144
3.9	Die Fahrzeug-Zulassungsverordnung – FZV.	145
3.9.1	Ausnahmen für Anhänger.	146
3.9.2	Halterverantwortlichkeit.	147
3.9.3	Sonderrechte.	147
3.10	Spezielle landesrechtliche Vorschriften und Vorgaben.	148
3.11	Sonderfragen.	149
3.11.1	Blockierte Einsatzwege.	149
3.11.2	Nutzung von Telefon sowie Funk-, Navigations- und sonstigen elektronischen Geräten.	151
3.11.2.1	BOS-Funk.	151
3.11.2.2	Nutzung von Mobiltelefonen.	152
3.11.2.3	Nutzung von Navigationsgeräten und Tablets.	152
3.11.2.4	Nutzung von Dash-Cams.	153
3.12	Ausbildung.	154
4	**Zivilrechtliche Haftung.**	**156**
4.1	Die Gefährdungshaftung nach § 7 StVG.	156
4.2	Die Haftung des Fahrers nach § 18 StVG.	159
4.3	Amtshaftung nach § 839 BGB i. V. m. Art. 34 GG.	160
4.3.1	Haftung neben der Haftung aus dem StVG.	160
4.3.2	Beamte und »haftungsrechtliche Beamte«.	161
4.3.3	Die Fahrt mit dem Einsatzfahrzeug als hoheitliche Tätigkeit.	161
4.3.4	Amtspflichtverletzung.	162

Inhaltsverzeichnis

4.3.5	Alleinhaftung des Staates bzw. der öffentlichen Körperschaft.	163
4.4	Berücksichtigung von Mitverursachung und Mitverschulden.	165
5	**Ordnungswidrigkeiten und Straftaten beim Führen von Einsatzfahrzeugen.**	**167**
5.1	Unterscheidung von Ordnungswidrigkeiten und Straftaten.	167
5.2	Straftaten.	167
5.2.1	Allgemeine Voraussetzungen der Strafbarkeit.	168
5.2.2	Vorsatz und Fahrlässigkeit.	169
5.2.3	Rechtswidrigkeit und Rechtfertigungsgründe.	171
5.2.4	Schuld und Schuldunfähigkeit.	172
5.2.5	StGB.	172
5.2.5.1	§ 142 Unerlaubtes Entfernen vom Unfallort.	173
5.2.5.2	Beleidigung § 185 StGB.	180
5.2.5.3	Fahrlässige Tötung § 222 StGB.	181
5.2.5.4	Fahrlässige Körperverletzung § 229 StGB.	182
5.2.5.5	Nötigung § 240 StGB.	183
5.2.5.6	Gefährdung des Straßenverkehrs § 315 c StGB.	184
5.2.5.7	Trunkenheit im Verkehr § 316 StGB.	188
5.2.6	StVG Fahren ohne Fahrerlaubnis § 21.	190
5.2.7	PflichtVG Fahren ohne Haftpflichtversicherungsschutz § 6.	192
5.2.8	Verfahren.	192
5.2.8.1	Ermittlungsverfahren.	193
5.2.8.2	Zwischenverfahren.	194
5.2.8.3	Hauptverfahren.	194
5.2.8.4	Strafbefehlsverfahren; Einstellung des Verfahrens	195

Inhaltsverzeichnis

5.3 Ordnungswidrigkeiten.	196
5.3.1 StVG.	196
5.3.2 Ordnungswidrigkeiten nach StVO, StVZO und FeV.	202
5.3.3 Rechtfertigender Notstand.	203
5.3.4 Verfahren (OWiG).	203

6 Fahrphysik. — 206

6.1 Geschwindigkeit und gefahrene Strecke.	206
6.2 Brems- und Anhalteweg.	209
6.3 Kurvengrenzgeschwindigkeit.	213
6.3 Der Kraftschluss Reifen/Fahrbahn.	216
6.4 Folgen des Blockierens der Räder.	217
6.5 Kippgefahren.	217
6.6 Energie beim Unfall.	219

7 Fahrpsychologie. — 224

7.1 Stress.	224
7.2 Aggression.	226
7.3 Fehleinschätzungen.	227
7.3.1 Fahrkönnen.	227
7.3.2 Geschwindigkeit.	228
7.3.3 Abstand, Entfernungen.	229
7.4 Alter und Erfahrung.	229
7.5 Müdigkeit.	231
7.6 Medikamente, Berauschende Mittel.	232
7.7 Reaktionen anderer Verkehrsteilnehmer.	234
7.8 Kommunikation, Verständigung.	235

Inhaltsverzeichnis

Abkürzungsverzeichnis. **237**

Literaturverzeichnis. **240**

Stichwortverzeichnis. **243**

Vorwort

Die Teilnahme am öffentlichen Straßenverkehr und insbesondere das Führen von Kraftfahrzeugen ist mit einer Vielzahl teils schwieriger Rechtsfragen verbunden. Dabei werden verschiedene Rechtsgebiete, nämlich Zivilrecht, Strafrecht und öffentliches Recht, berührt. Besondere Fragen und rechtliche Probleme ergeben sich beim Führen von Einsatzfahrzeugen. Häufig werden diese allerdings auf das Sonderrecht nach § 35 StVO und auf die Rechtsfolgen des Einschaltens der Sondersignalanlage nach § 38 StVO in der Ausbildung und dienstlichen Diskussion beschränkt. Allerdings bestehen auch bei diesen Fragen im Detail häufig rechtliche Unsicherheiten oder weitergegebenes »Halbwissen«. Bei weitergehenden Problemen des Fahrerlaubnisrechts, der Haftung, der strafrechtlichen Verantwortlichkeit und der erforderlichen Ausbildung beim Führen von Einsatzfahrzeugen gibt es kaum einheitliche Darstellungen. In Anlehnung an das Rote Heft »Rechtsfragen beim Feuerwehreinsatz« soll mit dem Roten Heft »Rechtsfragen beim Führen von Einsatzfahrzeugen« allen Interessierten eine systematische und mit Rechtsprechung belegte Übersicht gegeben und diese durch Beispielfälle verdeutlicht werden. Wesentlich sind dabei die Erörterung der Rechtsgrundlagen des Straßenverkehrsrechts, des Fahrerlaubnisrechts, der Sonderrechte – insbesondere der Fahrt zur Einsatzstelle – und des Haftungsrechts. Diese rechtlichen Fragen sind eng verknüpft mit Problemen der Fahrphysik und Fragen der Verkehrspsychologie, auf die daher gleichfalls eingegangen wird.

Vorwort

Aufsätze des Autors, auf die Bezug genommen wird, finden sich weitgehend unter der Rubrik Rechtsfragen auf der Homepage der Feuerwehr Schmallenberg (www.feuerwehr-schmallenberg.de).

1 Rechtsgrundlagen im Straßenverkehrsrecht

Rechtsgrundlagen sind die verkehrsrechtlichen Gesetze und Verordnungen. Zunächst ist die Gesetzgebungszuständigkeit im Straßenverkehrsrecht zu erörtern[1]. Gesetze werden durch Gesetzesbeschlüsse von Bundestag oder Landtag[2] erlassen. Die Gesetzgebungskompetenzen zwischen Bund und Ländern sind durch die Art. 70 - 74 GG klar abgegrenzt. Im Bereich des Straßenverkehrs, des Kraftfahrwesens, den Bau und die Unterhaltung von Landstraßen für den Fernverkehr sowie die Erhebung und Verteilung von Gebühren oder Entgelten für die Benutzung öffentlicher Straßen mit Fahrzeugen besteht nach Art. 74 Abs. 1 Nr. 22 GG eine sogenannte konkurrierende Gesetzgebungszuständigkeit. Dies bedeutet nach Art. 72 Abs. 1 GG, dass die Länder die Befugnis zur Gesetzgebung haben, solange und soweit der Bund von seiner Gesetzgebungszuständigkeit nicht durch Gesetz Gebrauch gemacht hat. Durch Art. 72 Abs. 2 GG wird das Gesetzgebungsrecht weiter dahin beschränkt, dass es nur besteht, wenn und soweit die Herstellung gleichwertiger Lebensverhältnisse im Bundesgebiet oder die Wahrung der Rechts- oder Wirtschaftseinheit im gesamtstaatlichen Interesse eine bundesgesetzliche Regelung erforderlich macht.

---

1 Vgl. zur Gesetzgebungszuständigkeit im Bereich Feuerwehr allgemein, Fischer, Rechtsfragen beim Feuerwehreinsatz, 1.2.
2 In den Stadtstaaten Hamburg, Bremen und Berlin vom Senat

1 Rechtsgrundlagen im Straßenverkehrsrecht

Literaturtipp:

Ralf Fischer: Rechtsfragen beim Feuerwehreinsatz, Die Roten Hefte 68, W. Kohlhammer, 4., erweiterte und überarbeitete Auflage, 2017.

Das Straßenverkehrsrecht dient dazu, Gefahren von anderen Verkehrsteilnehmern oder Dritten abzuwehren und die Sicherheit und Leichtigkeit des Straßenverkehrs zu gewährleisten. Es handelt sich insoweit um sachlich begrenztes Ordnungsrecht[3]. Da hier ein gesamtstaatliches Interesse an einheitlichen Verkehrsregeln in ganz Deutschland besteht[4], hat der Bund zu Recht, insbesondere mit Erlass des Straßenverkehrsgesetzes, von seinem Gesetzgebungsrecht Gebrauch gemacht. Der Landesgesetzgeber hat insoweit keine (auch keine ergänzende) Regelungskompetenz. Straßenverkehrsrechtliche Vorschriften der Bundesländer wären daher verfassungswidrig und nichtig[5].

Von immer größer werdender Bedeutung sind im Übrigen Rechtsnormen der Europäischen Gemeinschaft, an die der Bund gemäß Art. 23 GG Hoheitsrechte und damit auch

---

3 BVerfGE 40, 371/380; 67, 299/314
4 Ansonsten bestünde die Gefahr, dass in den Bundesländern unterschiedliche Verkehrsregeln gültig wären.
5 Vgl. Stollwerk, SVR 2017, 170

Rechtsgrundlagen im Straßenverkehrsrecht

Rechtsetzungsbefugnis abgeben kann[6]. Europäisches Recht ist in einer Vielzahl deutscher Gesetze und Vorschriften im Bereich des Verkehrsrechts durch nationales Recht umgesetzt worden[7].

---

[6] Vgl. Fischer, Feuerwehr und europäisches Recht, DER FEUERWEHRMANN 2012, 331; Das Feuerwehr-Lehrbuch, 5. Auflage, Kap. 2.1 Rechtsquellen.

[7] Zur Geltung Europäischen Rechts siehe, Das FEUERWEHR LEHRBUCH 6. Auflage, A 2.1; Fischer, Feuerwehr und Europäisches Recht, DER FEUERWEHRMANN, 2012, 331

2 Deutsche Gesetze und Verordnungen im Straßenverkehrsrecht

2.1 Das Straßenverkehrsgesetz – StVG –

Mit dem aufkommenden Kraftverkehr in Deutschland war es bereits Anfang des zwanzigsten Jahrhunderts notwendig geworden, für ganz Deutschland ein einheitliches Verkehrsrecht zu schaffen. Am 03. Mai 1909 erließ daher der Reichsgesetzgeber das »Gesetz über den Verkehr mit Kraftfahrzeugen«, den Vorläufer des Straßenverkehrsgesetzes. Das Straßenverkehrsgesetz vom 19.12.1952[8] regelt unter anderem die Zulassung von Personen und Kraftfahrzeugen zum öffentlichen Straßenverkehr, die Verwendung fälschungssicherer Kennzeichen, Fragen des Fahrerlaubnisrechts, einschließlich der Strafbarkeit beim Fahren ohne Fahrerlaubnis, die Grundlagen des Verkehrsordnungswidrigkeitenrechts und insbesondere die Haftung bei Schäden, die beim Betrieb von Kraftfahrzeugen verursacht werden. Das Gesetz ist im Laufe der Jahre immer wieder – insbesondere an die technischen Entwicklungen des Kraftfahrzeugbereichs – angepasst worden. Es ermächtigt den

---

[8] »Straßenverkehrsgesetz in der Fassung der Bekanntmachung vom 5. März 2003 (BGBl. I S. 310, 919), das zuletzt durch Artikel 6 des Gesetzes vom 17. August 2017 (BGBl. I S. 3202) geändert worden ist«

Bundesminister für Verkehr in § 6 Abs. 1, mit Zustimmung des Bundesrates (also der Bundesländer) Rechtsverordnungen und Verwaltungsvorschriften zu erlassen.

2.2 Die Straßenverkehrsordnung – StVO –

Die Straßenverkehrsordnung (StVO)[9] stellt die Regeln für den öffentlichen Verkehr auf. Sie wurde als Reichs-Straßenverkehrs-Ordnung aufgrund der §§ 6 und 27 des damaligen Gesetzes über den Verkehr mit Kraftfahrzeugen vom Reichsverkehrsminister am 28. Mai 1934 erlassen und enthielt für heutige Verhältnisse nur sehr wenige Verkehrsregeln. Die heutige Straßenverkehrsordnung ist vom Bundesverkehrsminister aufgrund der Ermächtigung in § 6 Abs. 1 StVG erlassen worden. Sie ist in den vergangenen Jahren immer wieder im Hinblick auf die modernen Anforderungen von Verkehrssicherheit, technischer Entwicklung und Umweltschutz angepasst worden. Zu beachten ist der sachliche Geltungsbereich der StVO für den öffentlichen Verkehr. Der öffentliche Straßenverkehr findet auf allen Flächen statt, die der Allgemeinheit zu Verkehrszwecken offenstehen. Er findet auch auf nicht gewidmeten Straßen statt, wenn diese mit Zustimmung oder unter Duldung des Verfügungsberechtigten tatsächlich allge-

---

9 »Straßenverkehrs-Ordnung vom 6. März 2013 (BGBl. I S. 367), die zuletzt durch Artikel 1 der Verordnung vom 6. Oktober 2017 (BGBl. I S. 3549) geändert worden ist«

mein benutzt werden. Dagegen ist der Verkehr auch auf öffentlichen Straßen nichtöffentlich, solange diese zum Beispiel wegen Bauarbeiten, durch Absperrschranken oder ähnlich wirksame Mittel für alle Verkehrsarten gesperrt sind[10]. Ist also ein Einsatzbereich der Feuerwehr für den gesamten übrigen Verkehr durch Absperrmittel gesperrt, findet auch hier kein öffentlicher Verkehr mehr statt. Aber auch in den Fällen des nichtöffentlichen Verkehrs gilt die allgemeine Pflicht zu verkehrsüblicher Sorgfalt zur Vermeidung von Unfällen und daher auch die Pflicht, entsprechend den StVO-Regeln zu fahren. Es können hier nicht alle Verkehrsregeln der StVO besprochen werden. Allerdings erscheint es erforderlich, wesentliche Grundregeln zu erörtern. Immer wieder fällt auf, dass insbesondere »erfahrene, langjährige« Verkehrsteilnehmer große Wissenslücken hinsichtlich der Regelungen der StVO aufweisen. Mit großem Erstaunen wird immer wieder in Gerichtsverfahren Verwunderung geäußert, was alles in der StVO steht.

Ergänzt wird die StVO durch eine Verwaltungsverordnung (VwV-StVO)[11], die als Auslegungshilfe dient. Die Verwaltungsverordnung ist den meisten Verkehrsteilnehmern völlig unbekannt.

---

10 VwV zu § 1 StVO s. Fußnote 11.
11 Allgemeine Verwaltungsvorschrift zur Straßenverkehrs-Ordnung (VwV-StVO) vom 26. Januar 2001*in der Fassung vom 22. Mai 2017 (BAnz AT 29.05.2017 B8)

2.2 Die Straßenverkehrsordnung – StVO –

2.2.1 Die allgemeinen Grundregeln für den Straßenverkehr in § 1 StVO

Die wichtigsten und stets zu beachtenden Verkehrsregeln stellt § 1 StVO als allgemeine Grundregeln auf.

§ 1 StVO Grundregeln
(1) Die Teilnahme am Straßenverkehr erfordert ständige Vorsicht und gegenseitige Rücksicht.
(2) Wer am Verkehr teilnimmt hat sich so zu verhalten, dass kein anderer geschädigt, gefährdet oder mehr, als nach den Umständen unvermeidbar, behindert oder belästigt wird.

Ständige Vorsicht bedeutet, dass der Verkehrsteilnehmer
- den Verkehr und die Verkehrssituation sowie den Straßenzustand ununterbrochen beobachten muss,
- vor Fahrtantritt und während der Fahrt darauf achten muss, dass das Fahrzeug verkehrssicher ist,
- sich stets vor und während der Fahrt selbst prüfen muss, ob er in der Lage ist, dass Fahrzeug sicher zu fahren,
- alle Verkehrsvorschriften beachten muss,
- stets besonnen und geistesgegenwärtig fahren muss.

Gegenseitige Rücksichtnahme bedeutet in erster Linie *defensives Verhalten*. Defensives Verhalten bedeutet, weitestgehend auf das Vertrauen in richtiges Verhalten der anderen Verkehrsteilnehmer zu verzichten, auch wenn man grundsätzlich auf das verkehrsrichtige Verhalten aller vertrauen darf. Dieser Vertrauensgrundsatz ist aber so eingeschränkt, dass man die Rechtsposition nicht voll ausnutzen darf, sondern aus Sicherheitsgründen eine über die normal gebotene hinausgehende Sorgfalt, ein »Übersoll« an Vorsicht, walten lassen muss[12]. Besondere Rücksichtnahme ist immer gegenüber »schwächeren« Verkehrsteilnehmern erforderlich, insbesondere bei Radfahrern, Fußgängern und Kindern, aber auch bei älteren oder mit der Verkehrssituation offensichtlich überforderten Personen. Dies wird auch durch § 3 Abs. 2 a StVO konkretisiert: »Wer ein Fahrzeug führt, muss sich gegenüber Kindern, hilfsbedürftigen und älteren Menschen, insbesondere durch Verminderung der Fahrgeschwindigkeit und durch Bremsbereitschaft, so verhalten, dass eine Gefährdung dieser Verkehrsteilnehmer ausgeschlossen ist.«

Das Verbot, einen anderen Verkehrsteilnehmer zu schädigen, gilt absolut. Allerdings versteht man unter Schädigung neben Körper- und Gesundheitsschäden nur vermögensrechtlich bezifferbare Nachteile. Dies ist z. B. bei der Verursachung eines Unfalls mit Sachschaden der Fall. Mit dem Verbot der Gefährdung ist die Verursachung jeder konkreten Gefahr der Schädigung anderer Verkehrsteilnehmer untersagt. Eine solche konkrete Gefahr ist bei der Verursachung eine »Beinahe-Unfalls« gegeben. Das Verbot des Behinderns anderer Verkehrsteilnehmer bedeutet, dass man diese nicht nachhaltig in ihrem eigenen beabsichtigten Verkehrsverhalten beein-

---

12 Burmann/Heß/Hühnermann/Jahnke, Straßenverkehrsrecht 25. Auflage 2018 § 1 StVO Rdnr. 28

2.2 Die Straßenverkehrsordnung – StVO –

trächtigen darf, soweit dieses rechtmäßig ist. Als Beispiel kann verkehrsbehinderndes Parken genannt werden.

Gegen das Verbot, andere zu belästigen, verstößt, wer mehr als durch den normalen Verkehrsvorgang unvermeidbares körperliches oder seelisches Unbehagen schafft, zum Beispiel durch Bedrängen anderer Verkehrsteilnehmer durch dichtes Auffahren und/oder Licht- und Schallsignale[13].

2.2.2 Die speziellen Grundregeln für den Straßenverkehr

Neben der allgemeinen Grundregel des § 1 StVO stellt die Verordnung jedoch in vielen weiteren Fällen allgemeine Grund- und Verhaltensregeln auf, die sich jeweils zu Beginn der einzelnen Vorschriften befinden:

2.2.2.1 Geschwindigkeit

§ 3 StVO
(1) Wer ein Fahrzeug führt, darf nur so schnell fahren, dass das Fahrzeug ständig beherrscht wird. Die Geschwindigkeit ist insbesondere den Straßen-, Verkehrs-, Sicht- und Wetterverhältnissen sowie den persönlichen

---

13 Soweit dies nicht bereits eine Nötigung nach § 240 StGB darstellt.

2 Deutsche Gesetze und Verordnungen

Fähigkeiten und den Eigenschaften von Fahrzeug und Ladung anzupassen.

Der Verkehrslage nicht angepasste Geschwindigkeit ist eine der Hauptursachen insbesondere für schwere Unfälle mit hohem Personen- und Sachschaden. In Satz 2 werden objektive Kriterien für die Wahl einer angepassten Geschwindigkeit genannt. Die Geschwindigkeit ist den objektiven Verkehrsverhältnissen so anzupassen, dass sie als mögliche Unfallursache ausscheiden muss. Kommt es zu einem Unfall und liegt dessen Ursache nicht in einem unvorhersehbaren Ereignis, sondern allein daran, dass bei niedrigerer Geschwindigkeit der Unfall hätte vermieden werden können, ist von einem Verstoß gegen § 3 Abs. 1 StVO und damit von schuldhaftem Verhalten auszugehen.

Die in § 3 Abs. 1 Satz 1 und 2 StVO aufgestellte Grundregel wird in Satz 4 dahingehend konkretisiert, dass der Fahrer innerhalb der übersehbaren Strecke anhalten können muss, also nur auf Sicht fahren darf. Mit anderen Worten darf der Anhalteweg des Fahrzeugs auch bei ungünstigen Straßenverhältnissen nicht größer als die Sichtweite sein. Dies wird auf schmalen Straßen, auf denen entgegenkommende Fahrzeuge gefährdet werden könnten, nochmal dahin gehend verschärft, dass hier ein Anhalten innerhalb der halben übersehbaren Strecke gewährleistet sein muss. Diese Regeln sind auch bei Fahrten mit Sonderrechten zu berücksichtigen[14], da bei einem Verstoß auch eine Straftat gem. § 315 c StGB vorliegen kann[15].

---

14 S.u.
15 S.u. 5.2.5.6

2.2 Die Straßenverkehrsordnung – StVO –

2.2.2.2 Abstand

§ 4 StVO
(1) Der Abstand zu einem vorausfahrenden Fahrzeug muss in der Regel so groß sein, dass auch dann hinter diesem gehalten werden kann, wenn es plötzlich gebremst wird.

Es ist immer ein ausreichender Sicherheitsabstand einzuhalten. Einen bestimmten festen Abstand schreibt die Grundregel jedoch nicht vor. Der erforderliche Mindestabstand hängt von der gesamten Verkehrssituation ab. Bei normalen Verhältnissen ist ein ausreichender Abstand die in 1,5 sec. durchfahrene Strecke[16,17].

Die schnelle Berechnungsformel »Abstand = halbe Tachometerzahl« (also bei 50 km/h: 25 m, bei 80 km/h: 40 m) ist vorzuziehen und reicht auch unter schwierigen Verhältnissen meistens aus[18].

2.2.2.3 Überholen

§ 5 StVO
(1) Es ist links zu überholen.

---

16 Burmann/Heß/Hühnermann/Jahnke a.a.O. § 4 Rdnr. 3 m.w.N.
17 Zur Berechnung siehe unten: Geschwindigkeit und gefahrene Strecke
18 BGH DAR 1968, 50; NJW 1968, 450

(2) Überholen darf nur, wer übersehen kann, dass während des ganzen Überholvorgangs jede Behinderung des Gegenverkehrs ausgeschlossen ist.
(3) Das Überholen ist unzulässig:
1. bei unklarer Verkehrslage oder
2. wenn es durch ein angeordnetes Verkehrszeichen (Zeichen 276, 277) untersagt ist.
(3a) Wer ein Kraftfahrzeug mit einer zulässigen Gesamtmasse über 7,5 t führt, darf unbeschadet sonstiger Überholverbote nicht überholen, wenn die Sichtweite durch Nebel, Schneefall oder Regen weniger als 50 m beträgt.
(4) Wer zum Überholen ausscheren will, muss sich so verhalten, dass eine Gefährdung des nachfolgenden Verkehrs ausgeschlossen ist. Beim Überholen muss ein ausreichender Seitenabstand zu anderen Verkehrsteilnehmern, insbesondere zu den zu Fuß Gehenden und zu den Rad Fahrenden, eingehalten werden. Wer überholt, muss sich sobald wie möglich wieder nach rechts einordnen. Wer überholt, darf dabei denjenigen, der überholt wird, nicht behindern.

Überholvorgänge gehören mit zu den gefährlichsten Verkehrsmanövern. Das Überholen beginnt spätestens mit dem Ausscheren nach links bzw. wenn bereits links gefahren wird, mit der deutlichen Verkürzung des Sicherheitsabstandes. Das Überholen ist beendet, wenn mit ausreichendem Abstand wieder rechts eingeschert wird oder, wenn weiter links gefahren wird, wenn ohne weiteres nach rechts eingeschert werden könnte. Beim Überholen muss jede Gefährdung oder

Behinderung des Gegenverkehrs ausgeschlossen sein. Andernfalls ist das Überholen verboten. Der Überholende muss also sicher sein können, dass der gesamte Vorgang, vom Ausscheren bis zum Wiedereingliedern, mit ausreichendem Abstand innerhalb der sichtbaren Strecke ungefährlich möglich ist, da immer mit plötzlich auftauchendem Gegenverkehr zu rechnen ist[19].

Sorgfaltswidrig handelt dann auch derjenige, der den Überholvorgang nicht abbricht, wenn er bemerkt, dass der Gegenverkehr gefährdet oder behindert wird. Eine unklare Verkehrslage, gleich aus welchem Grund, verbietet immer das Überholen.

Beim Überholen ist nicht nur eine Gefährdung des Überholenden und des Gegenverkehrs auszuschließen, sondern auch die des nachfolgenden Verkehrs. Daher darf nur überholen, wer rechtzeitig und eindeutig den Fahrtrichtungsanzeiger betätigt und seiner Rückschaupflicht äußerst sorgfältig nachkommt.

2.2.2.4 Vorbeifahren

§ 6 StVO
Wer an einer Fahrbahnverengung, einem Hindernis auf der Fahrbahn oder einem haltenden Fahrzeug links vorbeifahren will, muss entgegenkommende Fahrzeuge durchfahren lassen. Satz 1 gilt nicht, wenn der Vorrang

---

19 BGH NJW 2000, 1949

durch Verkehrszeichen (Zeichen 208, 308) anders geregelt ist. Muss ausgeschert werden, ist auf den nachfolgenden Verkehr zu achten und das Ausscheren sowie das Wiedereinordnen – wie beim Überholen – anzukündigen.

Die Vorschrift enthält zunächst eine Vorfahrtsregel und bei einer einseitigen Verengung eines begrenzten Stücks der rechten Fahrbahn einer sonst ausreichend breiten Fahrbahn. Bei einer beiderseitigen Einengung oder einer insgesamt nicht ausreichend breiten Straße gilt § 1 StVO[20]. Eine solche Fahrbahnverengung besteht nur, wenn am Hindernis nur links vorbeigefahren werden kann und dabei für unbehinderten Gegenverkehr kein Raum bleibt[21]. Bei der Fahrbahnverengung kann es sich um eine vorübergehende, aber auch um eine dauernde bauliche Verengung handeln. Es besteht dann Vorrang des Gegenverkehrs. Bei einem Hindernis auf beiden Seiten der Straße gelten die Regeln des allgemeinen Begegnungsverkehrs. Vorrang hat dann das Fahrzeug, welches die Engstelle als erstes erreicht.

2.2.2.5 Vorfahrt

§ 8 StVO
(1) An Kreuzungen und Einmündungen hat die Vorfahrt, wer von rechts kommt. Das gilt nicht,

---

20 OLG Zweibrücken VRS 57, 134
21 OLG Karlsruhe DAR 04, 648; OLG Schleswig VersR 1982, 1106

2.2 Die Straßenverkehrsordnung – StVO –

1. wenn die Vorfahrt durch Verkehrszeichen besonders geregelt ist (Zeichen 205, 206, 301, 306) oder
2. für Fahrzeuge, die aus einem Feld- oder Waldweg auf eine andere Straße kommen.

(1a) Ist an der Einmündung in einen Kreisverkehr Zeichen 215 (Kreisverkehr) unter dem Zeichen 205 (Vorfahrt gewähren) angeordnet, hat der Verkehr auf der Kreisfahrbahn Vorfahrt. Bei der Einfahrt in einen solchen Kreisverkehr ist die Benutzung des Fahrtrichtungsanzeigers unzulässig.

(2) Wer die Vorfahrt zu beachten hat, muss rechtzeitig durch sein Fahrverhalten, insbesondere durch mäßige Geschwindigkeit, erkennen lassen, dass gewartet wird. Es darf nur weitergefahren werden, wenn übersehen werden kann, dass wer die Vorfahrt hat, weder gefährdet noch wesentlich behindert wird. Kann das nicht übersehen werden, weil die Straßenstelle unübersichtlich ist, so darf sich vorsichtig in die Kreuzung oder Einmündung hineingetastet werden, bis die Übersicht gegeben ist. Wer die Vorfahrt hat, darf auch beim Abbiegen in die andere Straße nicht wesentlich durch den Wartepflichtigen behindert werden.

Vorfahrt ist der Vorrang beim Zusammentreffen mehrerer Fahrzeuge, die aus verschiedenen öffentlichen Straßen, die dem fließenden Verkehr dienen, in einer Kreuzung oder Einmündung aufeinander zukommen. Als Grundregel gilt rechts vor links, wenn die Vorfahrt nicht abweichend durch Verkehrszeichen oder Lichtzeichenanlagen geregelt ist oder es sich lediglich um Feld- und Waldwege bzw. Grundstücksausfahrten[22] handelt. Der Vorfahrt steht die Wartepflicht des von links Kommenden entgegen.

Nur wenn der Vorfahrtsberechtigte unmissverständlich anzeigt, dass er auf sein Vorfahrtrecht verzichten will, kann der Wartepflichtige hiervon ausgehen[23]. Im Zweifel muss der Wartepflichtige dies beweisen. Beteiligte müssen sich nachweisbar verständigt haben, wozu missbräuchliches Blinken mit Scheinwerfern nicht ausreicht, weil dies zu diesem Zweck unzulässig ist[24]. Dies gilt auch dann, wenn zusätzlich die Geschwindigkeit verringert wird.

Nachdem in der frühen Nachkriegszeit Kreisverkehre in ganz Deutschland noch üblich waren, wurden diese hier -anders als in vielen anderen europäischen Staaten- zunächst weitgehend durch Kreuzungen, insbesondere Kreuzungen mit Lichtzeichenanlagen, ersetzt. Seit Mitte der 90er Jahre erlebt der Kreisverkehr in Deutschland eine große Renaissance. Die Vorfahrt für den Kreisverkehr ist gesondert in § 8 Abs. 1a StVO

---

22 Dazu s. § 10 StVO: Wer aus einem Grundstück, aus einer Fußgängerzone (Zeichen 242.1 und 242.2), aus einem verkehrsberuhigten Bereich (Zeichen 325.1 und 325.2) auf die Straße oder von anderen Straßenteilen oder über einen abgesenkten Bordstein hinweg auf die Fahrbahn einfahren oder vom Fahrbahnrand anfahren will, hat sich dabei so zu verhalten, dass eine Gefährdung anderer Verkehrsteilnehmer ausgeschlossen ist; erforderlichenfalls muss man sich einweisen lassen
23 OLG Koblenz NZV 93, 273; OLGR OLG Hamm 01, 141; vgl. auch § 11 Abs. 3 StVO
24 Vgl. § 16 Abs. 1 StVO; OLG Koblenz NZV 93, 273; OLG Hamm NZV 00, 415

geregelt. Danach gilt, dass, wenn an der Einmündung in einen Kreisverkehr Zeichen 215 (Kreisverkehr) unter dem Zeichen 205 (Vorfahrt gewähren) angeordnet ist, der Verkehr auf der Kreisfahrbahn Vorfahrt hat. Fehlen diese Verkehrszeichen, gilt auch im Kreisverkehr rechts vor links. Bei der Einfahrt in einen solchen Kreisverkehr ist die Benutzung des Fahrtrichtungsanzeigers unzulässig.

Die Vorfahrtsregelung des § 8 StVO steht im Zusammenhang mit § 6 StVO an Engstellen (s. o.), der Vorfahrtsregel auf Autobahnen nach § 18 Abs. 3 StVO, und mit den Zeichen von Polizeibeamten nach § 36 StVO, der Regelung durch Lichtzeichenanlagen nach § 37 StVO den Zeichen 205, 206 und bei Gegenverkehr an Engstellen den Zeichen 208 und 308 (§ 41 StVO).

2.2.2.6 Besondere Verkehrslagen

§ 11 StVO
(1) Stockt der Verkehr, darf trotz Vorfahrt oder grünem Lichtzeichen nicht in die Kreuzung oder Einmündung eingefahren werden, wenn auf ihr gewartet werden müsste.
(2) Sobald Fahrzeuge auf Autobahnen sowie auf Außerortsstraßen mit mindestens zwei Fahrstreifen für eine Richtung mit Schrittgeschwindigkeit fahren oder sich die Fahrzeuge im Stillstand befinden, müssen diese Fahrzeuge für die Durchfahrt von Polizei- und Hilfsfahrzeugen zwischen dem äußerst linken und dem unmittelbar rechts daneben liegenden Fahrstreifen für eine Richtung eine freie Gasse bilden.

(3) Auch wer sonst nach den Verkehrsregeln weiterfahren darf oder anderweitig Vorrang hat, muss darauf verzichten, wenn die Verkehrslage es erfordert; auf einen Verzicht darf man nur vertrauen, wenn man sich mit dem oder der Verzichtenden verständigt hat.

Neben dem Verbot in § 11 Abs. 1 StVO, bei stockendem Verkehr in eine Kreuzung oder Einmündung zu fahren und diese so zu blockieren, regelt Abs. 2 die für Einsatzfahrzeuge wichtige Vorschrift der Bildung einer Rettungsgasse. Sie ist nunmehr nach einer Änderung der StVO schon bei sich abzeichnendem stehenden Verkehr, nämlich ab dem Absinken auf Schrittgeschwindigkeit, vorbeugend zu bilden und nicht erst, wenn der Verkehr steht oder sich tatsächlich ein Einsatzfahrzeug nähert. Denn ein späteres Bilden der Rettungsgasse ist aufgrund von Platzmangel oft nur schwierig und verzögert oder gar nicht möglich. Deswegen ist es besonders wichtig, frühzeitig zur entsprechenden Seite zu fahren. Wer auf dem linken Fahrstreifen fährt, weicht nach links aus, alle anderen Fahrzeuge müssen nach rechts ausweichen.

Die Vorschrift des § 11 Abs. 2 StVO regelt nicht das Verhalten der Fahrer von Einsatzfahrzeugen. Diese haben jedoch auch beim Befahren einer Rettungsgasse besondere Sorgfaltspflichten. So ist die Rettungsgasse mit einer angemessenen Geschwindigkeit zu befahren. In der Rettungsgasse sollte immer mit Einsatzhorn gefahren werden. Zwar sind die anderen Verkehrsteilnehmer allein schon durch § 11 Abs. 2 StVO verpflichtet durch die Rettungsgasse »freie Bahn« zu schaffen, so dass insoweit das Einschalten des Einsatzhornes nicht erforderlich wäre, das Einschalten des Einsatzhorns hat jedoch über

2.2 Die Straßenverkehrsordnung – StVO –

das zusätzliche Gebot des § 38 Abs. 1 StVO, »sofort freie Bahn zu schaffen«, auch eine enorme zusätzliche Warnwirkung. Denn leider ist immer mit unvernünftigem Fehlverhalten auch in der Rettungsgasse zu rechnen. So passiert es häufig, dass nach dem ersten Einsatzfahrzeug, welches die Rettungsgasse passiert hat, einzelne Fahrer diese wieder schließen oder gar eigensüchtig zum eigenen schnelleren Vorankommen plötzlich in diese hineinfahren. Einsatzfahrzeuge sollten aber auch die Rettungsgasse – und nicht ggf. den Standstreifen – nutzen[25].

§ 11 Abs. 3 StVO enthält schließlich das Gebot, nicht auf seinem eigenen Vorrecht zu beharren, sondern Rücksicht auf andere zu nehmen, um ihnen schwierige Verkehrsvorgänge zu erleichtern. Sie konkretisiert das Gebot der gegenseitigen Rücksichtnahme in § 1 StVO. Das Gebot nach § 11 Abs. 3 setzt voraus, dass das Zurückstehen vom eigenen Vorrangrecht auf Grund der Verkehrslage erforderlich ist, um diese zu entschärfen. Die Regeln des Vertrauensgrundsatzes werden durch die Vorschrift nicht verändert, jedoch im Interesse der Sicherheit sinngemäß eingeschränkt. Ausschließlich dann, wenn sich die beteiligten Verkehrsteilnehmer eindeutig und schlüssig verständigt haben, darf auf den Verzicht des Bevorrechtigten vertraut werden. Ansonsten muss das Vorrecht gewährt werden. Der eigentlich Bevorrechtigte ist jedoch gleichwohl zum Verzicht verpflichtet, wenn es die Verkehrslage erfordert. Dies ist der Fall, wenn durch den Verzicht auf die Bevorrechtigung erhebliche Verkehrsstörungen oder gar Gefahren vermieden oder beseitigt werden.

---

25 Thorns, Einsatz- und Geländefahrten, Kap. 4.3

2.2.2.7 Halten und Parken

§ 12 StVO
(1) Das Halten ist unzulässig
1. **an engen und an unübersichtlichen Straßenstellen,**
2. **im Bereich von scharfen Kurven,**
3. **auf Einfädelungs- und auf Ausfädelungsstreifen,**
4. **auf Bahnübergängen,**
5. **vor und in amtlich gekennzeichneten Feuerwehrzufahrten.**

Das Halten ist unzulässig, wenn hierdurch Gefahren entstehen. Halten bedeutet jede gewollte, also nicht verkehrsbedingte bzw. durch Verkehrszeichen angeordnete Fahrtunterbrechung. § 12 Abs. 1 StVO verbietet es generell in besonders gefährlichen bzw. sensiblen Bereichen. Ansonsten darf, wenn es nicht durch Verkehrszeichen verboten ist, gehalten werden. Parken, also das Halten länger als drei Minuten bzw. das Verlassen des Fahrzeugs, unterliegt weiteren Einschränkungen.

2.2.2.8 Besatzung und Sicherheitsgurte

§ 21 Personenbeförderung
(1) Satz 1: In Kraftfahrzeugen dürfen nicht mehr Personen befördert werden, als mit Sicherheitsgurten ausgerüstete Sitzplätze vorhanden sind.

2.2 Die Straßenverkehrsordnung – StVO –

§ 21a
(1) Vorgeschriebene Sicherheitsgurte müssen während der Fahrt angelegt sein

Es wäre nicht besonders zu betonen, wenn die Praxis nicht immer wieder anderes zeigen würde: Die Vorschriften gelten ohne Einschränkung auch für Einsatzfahrzeuge von Feuerwehr und Rettungsdienst. Ein Abweichen im Rahmen von Sonderrechten ist zwar grundsätzlich denkbar, wird aber nur im extremen Ausnahmefall als erforderlich zu begründen sein[26]. Auch beim Rettungsdienst und Krankentransport gilt die Anschnall- und Sicherungspflicht für die Besatzung, insbesondere aber auch für die Patienten. Eine Ausnahme besteht nach § 21 a Abs. 1 Nr. 5 StVO für während der Fahrt erforderliche Maßnahmen am Patienten. Angeschnallt ist nur derjenige, bei dem der Gurt ordnungsgemäß angelegt ist und auf diese Weise die durch § 35 a Abs. 7 StVZO erstrebte Rückhaltewirkung vollständig erfüllt wird, nicht aber derjenige, der den Gurt nur ins Gurtschloss steckt[27]. Wer gegen die Pflichten nach § 21 a StVO verstößt, den trifft bei Unfällen immer ein erhebliches Mitverschulden. Dieses Mitverschulden führt im Regelfall zu einer erheblichen Kürzung von eigentlich bestehenden eigenen Schadensersatz- oder Schmerzensgeldansprüchen.

---

[26] Sonderrechte sind selektiv im Hinblick auf die Vorschriften der StVO zu nutzen vgl. Müller, Sonderrechte und Wegerecht für Übungseinsatzfahrten im öffentlichen Verkehrsraum, SVR 2019, 86, 87FN 5
[27] OLG Hamm NJW 1086, 267; OLG Düsseldorf NZV 1991, 241

2.2.2.9 Sonstige Pflichten von Fahrzeugführenden

§ 23

(1) ¹Wer ein Fahrzeug führt, ist dafür verantwortlich, dass seine Sicht und das Gehör nicht durch die Besetzung, Tiere, die Ladung, Geräte oder den Zustand des Fahrzeugs beeinträchtigt werden. ²Wer ein Fahrzeug führt, hat zudem dafür zu sorgen, dass das Fahrzeug, der Zug, das Gespann sowie die Ladung und die Besetzung vorschriftsmäßig sind und dass die Verkehrssicherheit des Fahrzeugs durch die Ladung oder die Besetzung nicht leidet. ³Ferner ist dafür zu sorgen, dass die vorgeschriebenen Kennzeichen stets gut lesbar sind. ⁴Vorgeschriebene Beleuchtungseinrichtungen müssen an Kraftfahrzeugen und ihren Anhängern auch am Tage vorhanden und betriebsbereit sein.

(1a) ¹Wer ein Fahrzeug führt, darf ein elektronisches Gerät, das der Kommunikation, Information oder Organisation dient oder zu dienen bestimmt ist, nur benutzen, wenn

1. hierfür das Gerät weder aufgenommen noch gehalten wird und

2. entweder

a) nur eine Sprachsteuerung und Vorlesefunktion genutzt wird oder

b) zur Bedienung und Nutzung des Gerätes nur eine kurze, den Straßen-, Verkehrs-, Sicht- und Wetterverhältnissen angepasste Blickzuwendung zum Gerät bei

2.2 Die Straßenverkehrsordnung – StVO –

gleichzeitig entsprechender Blickabwendung vom Verkehrsgeschehen erfolgt oder erforderlich ist.
[2]Geräte im Sinne des Satzes 1 sind auch Geräte der Unterhaltungselektronik oder Geräte zur Ortsbestimmung, insbesondere Mobiltelefone oder Autotelefone, Berührungsbildschirme, tragbare Flachrechner, Navigationsgeräte, Fernseher oder Abspielgeräte mit Videofunktion oder Audiorekorder. [3]Handelt es sich bei dem Gerät im Sinne des Satzes 1, auch in Verbindung mit Satz 2, um ein auf dem Kopf getragenes visuelles Ausgabegerät, insbesondere eine Videobrille, darf dieses nicht benutzt werden. [4]Verfügt das Gerät im Sinne des Satzes 1, auch in Verbindung mit Satz 2, über eine Sichtfeldprojektion, darf diese für fahrzeugbezogene, verkehrszeichenbezogene, fahrtbezogene oder fahrtbegleitende Informationen benutzt werden. [5]Absatz 1c und § 1b des Straßenverkehrsgesetzes bleiben unberührt.
(1b) (Ausnahmen von Absatz 1a Satz 1 bis 3 -vom Abdruck wurde abgesehen)
(1c) (Verbot von Radarwarn- oder Laserstörgeräten – vom Abdruck wurde abgesehen).
(2) Wer ein Fahrzeug führt, muss das Fahrzeug, den Zug oder das Gespann auf dem kürzesten Weg aus dem Verkehr ziehen, falls unterwegs auftretende Mängel, welche die Verkehrssicherheit wesentlich beeinträchtigen, nicht alsbald beseitigt werden; …

Vorrangig ist der Fahrer für den vorschriftsmäßigen Zustand des von ihm gesteuerten Fahrzeugs verantwortlich. Über den ordnungsgemäßen Zustand hat er sich vor dem Fahrtantritt zu vergewissern[28]. Lediglich dafür Sorge zu tragen, dass die erforderlichen Instandsetzungen und die nach § 29 StVZO durchzuführenden Pflichtuntersuchungen durchgeführt werden, reicht nicht aus. Jedoch sind an die Prüfungspflichten des Fahrers vor Fahrtbeginn geringere Anforderungen zu stellen, wenn der Wagenpark professionell mit eigenem ausgebildetem Personal oder in Werkstätten gut instandgehalten wird. Bei Feuerwehr, Katastrophenschutz und Rettungsdienst ist die Prüfungspflicht des Fahrers auf äußerlich erkennbare Mängel beschränkt, wobei im Alarmfall auch insoweit Sonderrechte bestehen.

Werden Mängel erkannt, die nicht sofort selbst beseitigt werden können, muss der Fahrer eines Einsatzfahrzeuges bei seinem Vorgesetzten auf Beseitigung eines aufgetretenen Mangels drängen. Bei sicherheitsrelevanten Mängeln oder bei Fahrzeugen, die nicht in einen vorschriftsmäßigen Zustand versetzt werden, muss der Fahrer weitere Fahrten als unzumutbar ablehnen.

Treten während der Fahrt Mängel auf, die die Verkehrssicherheit des Fahrzeugs wesentlich beeinträchtigen, ist das Fahrzeug auf dem kürzesten Weg aus dem fließenden Verkehr zu entfernen und möglichst von der Fahrbahn zu fahren[29]. Eine wesentliche Beeinträchtigung der Verkehrssicherheit liegt z. B. beim Versagen des linken Scheinwerfers[30], des Motors, der

---

28 OLG Stuttgart NZV 91, 68; OLG Düsseldorf VM 93, 30; OLG Hamm VRS 74, 218
29 OLG Köln VRS 29, 367; OLG Düsseldorf VRS 58, 281- bei einer dringenden Sonderrechtsfahrt mit eingeschalteten blauem Blinklicht, kann dies anders beurteilt werden.
30 OLG Düsseldorf VM 59, 143

2.2 Die Straßenverkehrsordnung – StVO –

Kupplung, der Lenkung oder der Bremsanlage[31] vor. Bei Mängeln, die während der Fahrt auftreten, aber die Verkehrssicherheit nicht wesentlich beeinträchtigen, darf die Fahrt bis zur nächsten Werkstatt fortgesetzt werden, wenn diese durch andere Maßnahmen, insbesondere durch besonders vorsichtiges Fahren, genügend ausgeglichen werden können.

Muss ein Fahrzeug abgeschleppt werden, genügt für den Fahrer des abschleppenden Fahrzeugs die zum Führen dieses Fahrzeugs erforderliche Fahrerlaubnis. Denn die beiden Fahrzeuge bilden dann keinen regulären Zug, sondern es handelt sich um eine Notstandsmaßnahme[32]. Während des Abschleppens haben beide Fahrzeuge nach § 15a Abs. 3 StVO Warnblinklicht einzuschalten. Bei Einsatzfahrzeugen wird es sich zur Absicherung und Warnung anbieten, auch blaues Blinklicht einzuschalten[33]. Beim Abschleppen darf nach § 15 a Abs. 2 StVO nicht auf die Autobahn aufgefahren werden, vielmehr ist diese nach Abs. 1 sofort zu verlassen.

Der Fahrer ist neben dem jeweiligen Gruppen,- Staffel,- oder Truppführer auch für die Besatzung verantwortlich. Er hat unter anderem auch dafür Sorge zu tragen, dass das Fahrzeug nicht überbesetzt ist. Der Fahrer hat auch die Mitfahrer aufzufordern, sich anzuschnallen. Toleriert er bewusst, dass diese unangeschnallt an der Fahrt teilnehmen, kann nicht nur der-

---

31 BGH VRS 65, 140
32 OLG Bremen VM 63, 83
33 Zum einen handelt es sich bei Abschleppen um eine Einsatzfahrt, zum anderen mahnt es zur erhöhten Vorsicht und dient auch der Absicherung von Unfallstellen.

jenige, der sich nicht angeschnallt hat, mit einem Bußgeld belegt werden, sondern auch der Fahrer[34].

Es ist eine gesicherte Erkenntnis, dass durch die Verwendung von einem Mobiltelefon durch den Fahrer die Verkehrssicherheit massiv beeinträchtigt wird und dieses Verhalten häufig auch Ursache schlimmster und oft auch tödlicher Verkehrsunfälle ist. Nicht nur dadurch, dass der Fahrer nicht beide Hände zur Bewältigung seiner Fahraufgabe frei hat[35], sondern insbesondere auch durch die teilweise völlig wegfallende Beobachtung der Straße und des Verkehrs, ist die Nutzung des Mobiltelefons durch den Fahrer während der Fahrt ein sehr hohes Unfallrisiko. Die Nutzung eines Mobiltelefons oder anderen elektronischen Geräts im Sinne des § 23 Abs. 1 StVO durch den Fahrer ist nur zulässig, wenn das Fahrzeug steht und gleichzeitig auch der Motor ausgeschaltet ist[36]. Unter der ansonsten verbotenen Benutzung im Sinne des § 23 Abs 1a StVO ist nicht nur das eigentliche Gespräch, sondern auch das Bedienen des Telefons zu verstehen. Dies beurteilt sich ausschließlich danach, ob das Mobiltelefon in der Hand gehalten wird oder nicht[37]. Unter Benutzung des Mobiltelefons oder elektronischen Geräts fällt jegliche Nutzung, wenn dieses in die Hand genommen wird und z. B. Informationen von dem Dis-

---

34 Hentschel/König/Dauer § 21a StVO Rdnr. 19 m.w.N.
35 So die amtliche Begründung
36 OLG Bamberg NJW 2006, 3732
37 OLG Hamm NJW 2006, 2870 – es genügt das in die Hand nehmen zum Auslesen einer Telefonnummer, OLG

play abgelesen werden[38]. Bei der Benutzung ist es dann auch unerheblich, ob eine Verbindung hergestellt wird[39]. Bereits das »Wegdrücken« eines Anrufes ist eine verbotene Benutzung[40]. Allein das reine in der Hand halten genügt nicht[41].

2.2.2.10 Fußgängerüberwege

§ 25
(1) An Fußgängerüberwegen haben Fahrzeuge mit Ausnahme von Schienenfahrzeugen den zu Fuß Gehenden sowie Fahrenden von Krankenfahrstühlen oder Rollstühlen, welche den Überweg erkennbar benutzen wollen, das Überqueren der Fahrbahn zu ermöglichen. Dann dürfen sie nur mit mäßiger Geschwindigkeit heranfahren; wenn nötig, müssen sie warten.
(2) Stockt der Verkehr, dürfen Fahrzeuge nicht auf den Überweg fahren, wenn sie auf ihm warten müssten.
(3) An Überwegen darf nicht überholt werden.

---

38 Telefon oder Organizer vgl. OLG Karlsruhe NJW 2007, 240, als Diktiergerät vgl. OLG Jena NJW 2006, 3734, zur Nutzung im Internet vgl. OLG Hamm NZV 2003, 98), als Navigationsgerät vgl. OLG Köln, NJW-Spezial 08, 586; OLG BeckRS 2013, 04297, Ablesen der Uhrzeit vgl. OLG Hamm NJW 2005, 2469.
39 OLG Hamm NZV 2007, 483
40 OLG Hamm BeckRS 08, 8267; OLG Köln BeckRS 2013, 04297
41 OLG Oldenburg mit zahlreichen weiteren Rechtsprechungsnachweisen, DAR 2019, 404

(4) Führt die Markierung über einen Radweg oder einen anderen Straßenteil, gelten diese Vorschriften entsprechend.

Das Vorrangrecht des Fußgängers setzt eine deutliche, durchgehende Kennzeichnung mit sog. Zebrastreifen (Zeichen 293) voraus. Daher haben Fußgänger keinen Vorrang, wenn der Zebrastreifen, aus welchen Gründen auch immer, nicht erkennbar ist. Der Vorrang steht nur dem Bevorrechtigten zu, der die Fahrbahn erkennbar überschreiten will[42]. Der Vorrang auf dem Überweg hängt nicht davon ab, dass der Bevorrechtigte seine Absicht, die Fahrbahn zu überqueren, durch Zeichen zu erkennen gibt; es genügt, dass dessen Absicht objektiv aus seinem Gesamtverhalten erkennbar ist.

Der Fahrzeugführer darf sich einem Fußgängerüberweg nur mit einer so geringen Geschwindigkeit nähern, dass er auch vor einem kurz vor seiner Annäherung auftauchenden Bevorrechtigten anhalten kann. Er muss damit rechnen, dass auf dem Fußgängerüberweg, aus dem durch andere Fahrzeuge verdeckten Teil sich Bevorrechtigte nähern und die Fahrbahn überqueren. Von der Wartepflicht ist der Fahrer eines Fahrzeugs nur dann befreit, wenn der Bevorrechtigte eindeutig und freiwillig zu erkennen gibt, dass er auf seinen Vorrang verzichten will.

Mit Sonderrechten kann von den Vorschriften des § 26 StVO unter Berücksichtigung besonderer Vorsicht abgewichen

---

42 OLG Hamm VRS 61, 295; ZfS 96, 276; OLG Hamburg VM 70, 29; s auch BGH VersR 68, 356

werden. Will jedoch ein Fußgänger erkennbar von seinem Vorrangrecht auf dem Fußgängerüberweg Gebrauch machen, muss ihm dieses auch bei einer Sonderrechtsfahrt gewährt werden, wenn nicht zugleich blaues Blinklicht und Einsatzhorn gleichzeitig und rechtzeitig einschaltet werden. Nur wenn beide Signale eingeschaltet sind, gilt das Vorrangrecht für das Einsatzfahrzeug und der Vorrang des Fußgängers (dieser hat freie Bahn zu schaffen) tritt zurück.

2.2.2.11 Fahren im Verband

§ 27
(1) Für geschlossene Verbände gelten die für den gesamten Fahrverkehr einheitlich bestehenden Verkehrsregeln und Anordnungen sinngemäß. Mehr als 15 Rad Fahrende dürfen einen geschlossenen Verband bilden. Dann dürfen sie zu zweit nebeneinander auf der Fahrbahn fahren. Kinder- und Jugendgruppen zu Fuß müssen, soweit möglich, die Gehwege benutzen.
(2) Geschlossene Verbände, Leichenzüge und Prozessionen müssen, wenn ihre Länge dies erfordert, in angemessenen Abständen Zwischenräume für den übrigen Verkehr frei lassen; an anderen Stellen darf dieser sie nicht unterbrechen.
(3) Geschlossen ist ein Verband, wenn er für andere am Verkehr Teilnehmende als solcher deutlich erkennbar ist. Bei Kraftfahrzeugverbänden muss dazu jedes einzelne Fahrzeug als zum Verband gehörig gekennzeichnet sein.
(…)

(5) Wer einen Verband führt, hat dafür zu sorgen, dass die für geschlossene Verbände geltenden Vorschriften befolgt werden.
(...)

Ergänzt wird dies durch die VwV-StVO:

VwV-StVO zu § 27 Verbände soweit für Kraftfahrzeuge relevant
Bei geschlossenen Verbänden ist besonders darauf zu achten, dass sie geschlossen bleiben; bei Verbänden von Kraftfahrzeugen auch darauf, dass alle Fahrzeuge die gleichen Fahnen, Drapierungen, Sonderbeleuchtungen oder ähnlich wirksamen Hinweise auf ihre Verbandszugehörigkeit führen

Nach § 27 Abs. 1 StVO gelten die bestehenden Verkehrsregeln für geschlossene Verbände sinngemäß. Dies bedeutet, dass der geschlossene Verband wie ein Fahrzeug zu behandeln ist. Das hat zur Folge, dass z. B. nach dem berechtigten Einfahren des ersten Fahrzeugs in eine Kreuzung die einzelnen dem Verband angehörenden Fahrzeuge trotz nunmehr auftauchender bevorrechtigter Fahrzeuge nicht wartepflichtig werden[43].

Der § 27 Abs. 2 1. Halbs. StVO verpflichtet die geschlossenen Verbände, Lücken freizulassen, die hauptsächlich dem Querverkehr dienen sollen. Umgekehrt verbietet die Vorschrift dem übrigen Verkehr, den geschlossenen Verband zu unter-

---

43 Vgl .Hentschel/König/Dauer, § 27 StVO Rdnr. 5 m.w.N.

2.2 Die Straßenverkehrsordnung – StVO –

brechen und sich hineinzudrängen. Ein Vorrang wird durch diese Vorschrift allerdings nicht begründet. Die einzelnen Verbandsmitglieder dürfen auf die Beachtung der Vorschrift weder vertrauen, noch deren Einhaltung erzwingen[44]. Insbesondere dürfen sie dem Führungsfahrzeug nicht blind folgen[45].

§ 27 Abs. 3 StVO bestimmt, wann ein Verband als geschlossen anzusehen ist. Geschlossen ist danach ein Verband, wenn er für andere Verkehrsteilnehmer als solcher deutlich erkennbar ist. Für einen geschlossenen Verband sind mindestens drei Fahrzeuge erforderlich[46]. Bei Kraftfahrzeugverbänden muss dazu jedes einzelne Fahrzeug als zum Verband gehörig gekennzeichnet sein. Die Einschaltung von Abblendlicht reicht auch bei Tage für sich allein nicht aus, um einen Verband von Kraftfahrzeugen als geschlossen zu kennzeichnen[47]. Die Kennzeichnung sollte bei Einsatzfahrzeugen von Feuerwehr, Katastrophenschutz und Rettungsdienst mit Flaggen geschehen, wobei neuere Fahrzeuge über eine entsprechende Halterung und Flaggen im Regelfall leider nicht mehr verfügen. Daher wird man allein oder auch zusätzlich entsprechend § 38 Abs. 2 StVO zur Kennzeichnung des geschlossenen Verbandes blaues Blinklicht einschalten. Dabei ist es auch erlaubt und geboten, das Abblendlicht einzuschalten. Die anderen Verkehrsteilnehmer müssen also die Geschlossenheit des Verbandes zweifelsfrei erkennen können. Die Fahrzeuge des Verbandes müssen sich nicht nur durch ähnliches Äußeres als

---

44 OLG Oldenburg VM 71, 6
45 OLG Karlsruhe NZV 91, 154
46 OLG Nürnberg VersR 82, 1035
47 BayObLGSt 74, 43

2 Deutsche Gesetze und Verordnungen

zueinander gehörig ausweisen, sondern auch durch ein ähnliches Verkehrsverhalten. Zum ähnlichen Verkehrsverhalten zählt das Fahren in gleicher Richtung mit annähernd gleicher Geschwindigkeit und annähernd gleichem Abstand. Der Abstand zwischen den Fahrzeugen darf dabei nicht so groß sein, dass ein Zusammenhang der Fahrzeuge zueinander für die anderen Verkehrsteilnehmer nicht mehr erkennbar ist. Für die Abstandsgröße lässt sich kein allgemein gültiges festes Maß angeben. Maßgeblich sind vielmehr immer die Umstände des Einzelfalles, wobei es u. a. auch auf die Verkehrsverhältnisse und die eingehaltenen Geschwindigkeiten der einzelnen Fahrzeuge ankommt. Während außerorts möglicherweise ein Abstand von bis zu 100 m die Verbandszugehörigkeit noch nicht aufheben wird[48], ist innerorts von deutlich geringeren Abständen auszugehen, da in diesen Verkehrsbereichen die Erkennbarkeit der Geschlossenheit des Verbandes, insbesondere für den Querverkehr, nur durch die Einhaltung möglichst geringer Abstände gewährleistet werden kann. Innerorts können und müssen die Verbandsfahrzeuge dicht aufgeschlossen fahren, d. h. sie können und müssen so geringe Abstände einhalten, dass sie die Sicherheitsabstände gerade erreichen oder nur geringfügig überschreiten[49].

---

48 OLG Karlsruhe NZV 1991, 154
49 Fischer, DER FEUERWEHRMANN 2007, 64

2.2.2.12 Umweltschutz, Sonn- und Feiertagsfahrverbot

§ 30
(1) Bei der Benutzung von Fahrzeugen sind unnötiger Lärm und vermeidbare Abgasbelästigungen verboten.
(3) An Sonntagen und Feiertagen dürfen in der Zeit von 0.00 bis 22.00 Uhr zur geschäftsmäßigen oder entgeltlichen Beförderung von Gütern einschließlich damit verbundener Leerfahrten Lastkraftwagen mit einer zulässigen Gesamtmasse über 7,5 t sowie Anhänger hinter Lastkraftwagen nicht geführt werden.

§ 30 Abs. 1 StVO ist selbsterklärend. Einsatzfahrzeuge sind vom Sonntagsfahrverbot nicht betroffen, da die Vorschrift ausdrücklich nur den gewerblichen Güterverkehr betrifft.

In diesem Zusammenhang stellt sich aber die Frage, inwieweit bei Einsatz- und Privatfahrzeugen von Feuerwehrangehörigen auf der Fahrt zum Feuerwehrhaus oder zum Einsatz eine Befreiung von Fahrverboten aufgrund des Bundes-Immissionsschutzgesetzes (BImSchG - Stichwort: Dieselfahrverbot) besteht. Nach § 40 BImSchG kann die zuständige Straßenverkehrsbehörde den Kraftfahrzeugverkehr nach Maßgabe der straßenverkehrsrechtlichen Vorschriften beschränken oder verbieten, wenn dies zur Luftreinhaltung erforderlich ist. Unterlässt sie dies, kann sie gerichtlich dazu gezwungen werden[50]. Mit den straßenverkehrsrechtlichen Vorschriften ist in erster Linie die StVO gemeint. Diese sieht für Verkehrsbeschränkungen nach dem BImSchG mit den Zeichen 270.1 und 270.2 sowie dem Zusatzschild zum Zeichen 270.1 sogar spezielle Verkehrszeichen vor. Ansonsten können diese mit allgemeinen Durchfahrtsverbotsschildern (Zeichen 251) und z. B. dem Zusatzschild »Diesel bis Euro 5/V« angeordnet werden[51]. Damit ist dann aber auch § 35 StVO anwendbar, so dass bei der Inanspruchnahme von Sonderrechten auch von den Fahrverboten abgewichen werden kann. Im Einsatzfall darf also sowohl mit Einsatzfahrzeugen, die den Anforderungen hinsichtlich der Immissionen nicht genügen, trotz der Einschränkung bzw. des Verbotes die Straße befahren werden. Allerdings nur, wenn dies auch zur Erfüllung des Einsatzauftrages erforderlich ist. Grundsätzlich besteht nach § 40 Abs. 1 S. 2 BImSchG aber auch die Möglichkeit, dass die Straßenverkehrsbehörde, im Einvernehmen mit der für den Immissionsschutz zuständigen Behörde, Ausnahmen von Verboten oder Beschränkungen des Kraftfahrzeugverkehrs zulassen, wenn unaufschiebbare und überwiegende Gründe des Wohls der Allgemeinheit dies erfordern. Von dieser Möglichkeit sollten die Behörden bei Einsatzfahrzeugen von Feuerwehr, Polizei und Rettungsdienst Gebrauch machen.

Ein Scheinproblem ist die Fahrt einer Einsatzkraft bei einer Alarmierung zu einem Feuerwehrstandort mit dem privaten Fahrzeug. Auch in diesen Fällen gilt die Befreiung vom Diesel-

---

50 BVerWG NVwZ 2018, 883 (Vorentscheidung VG Stuttgart) unter Bezugnahme auf Art. EWG_RL_2008_50 Artikel 23 EWG_RL_2008_50 Artikel 23 Absatz I UAbs. 2 der RL 2008/50/EG
51 Anlage 2 zu § 41 Absatz 1StVO- Vorschriftzeichen-

fahrverbot, wenn die Voraussetzungen des § 35 StVO vorliegen[52]. Es könnte aber argumentiert werden, dass nur die Fahrt zum Gerätehaus gerechtfertigt ist, nicht aber die Heimfahrt, weil dann die Voraussetzungen des § 35 StVO nicht mehr vorliegen. Dies hätte jedoch die paradoxe Folge, dass es faktisch unmöglich wäre, die insoweit eingeräumten Sonderrechte zu nutzen, da ansonsten der Rücktransport des Fahrzeugs mit einem nur völlig unverhältnismäßigen Aufwand und daher rechtlich nicht zumutbar, möglich wäre. Wer in einer Verbotszone berechtigt oder unberechtigt hineinfährt, kann und muss aus dieser auch wieder herausfahren dürfen. Daher umfassen die Sonderrechte nach des § 35 StVO in Verbindung mit § 40 Abs. 1 BImSchG immer auch die Rückfahrt[53].

2.2.2.13 Verkehrshindernisse

§ 32 StVO
(1) Es ist verboten, die Straße zu beschmutzen oder zu benetzen oder Gegenstände auf Straßen zu bringen oder dort liegen zu lassen, wenn dadurch der Verkehr gefährdet oder erschwert werden kann. Wer für solche verkehrswidrigen Zustände verantwortlich ist, hat diese unverzüglich zu beseitigen und diese bis dahin ausreichend kenntlich zu machen. Verkehrshindernisse sind,

---

52 Siehe unter 3.6.3 für Fahrten mit Privatfahrzeugen zum Gerätehaus
53 Vgl. hierzu Fischer, Einsatz NRW, 4/2019, 45

wenn nötig (§ 17 Absatz 1), mit eigener Lichtquelle zu beleuchten oder durch andere zugelassene lichttechnische Einrichtungen kenntlich zu machen.

VwV – StVO

Zu § 32 Verkehrshindernisse
Zu Absatz 1
I. Insbesondere in ländlichen Gegenden ist darauf zu achten, dass verkehrswidrige Zustände infolge von Beschmutzung der Fahrbahn durch Vieh oder Ackerfahrzeuge möglichst unterbleiben (z. B. durch Reinigung der Bereifung vor Einfahren auf die Fahrbahn), jedenfalls aber unverzüglich beseitigt werden.
II. Zuständige Stellen dürfen nach Maßgabe der hierfür erlassenen Vorschriften die verkehrswidrigen Zustände auf Kosten des Verantwortlichen beseitigen.
III. Kennzeichnung von Containern und Wechselbehältern
Die Aufstellung von Containern und Wechselbehältern im öffentlichen Verkehrsraum bedarf der Ausnahmegenehmigung durch die zuständige Straßenverkehrsbehörde.
Als »Mindestvoraussetzungen« für eine Genehmigung ist die sachgerechte Kennzeichnung von Containern und Wechselbehältern erforderlich.
Einzelheiten hierzu gibt das Bundesministerium für Verkehr und digitale Infrastruktur im Einvernehmen mit den zuständigen obersten Landesbehörden im Verkehrsblatt bekannt.

2.2 Die Straßenverkehrsordnung – StVO –

Die Vorschrift ist auch für Einsatzfahrzeuge der Feuerwehr von Bedeutung. Denn auch diese können, z. B. nach Geländefahrten, die Straße beschmutzen oder bei einem Löschangriff mit Löschmitteln benetzen.

Werden Container von Wechselladerfahrzeugen im öffentlichen Verkehrsraum abgestellt, sind diese ausreichend abzusichern.

2.2.2.14 Unfall

§ 34
(1) Nach einem Verkehrsunfall hat, wer daran beteiligt ist,
1. unverzüglich zu halten,
2. den Verkehr zu sichern und bei geringfügigem Schaden unverzüglich beiseite zu fahren,
3. sich über die Unfallfolgen zu vergewissern,
4. – 7. (vom Abdruck wurde abgesehen)
(2) Beteiligt an einem Verkehrsunfall ist jede Person, deren Verhalten nach den Umständen zum Unfall beigetragen haben kann.
(3) Unfallspuren dürfen nicht beseitigt werden, bevor die notwendigen Feststellungen getroffen worden sind.

Unfälle gehören zum Straßenverkehr dazu, weil sie zum einem auch bei größter Vorsicht geschehen können und zum anderen Verkehrsvorschriften häufig nicht beachtet werden. § 34 StVO stellt unabhängig von der strafrechtlichen Vorschrift des unerlaubten Entfernens vom Unfallort nach § 142 StGB[54] weitere Pflichten zum Verhalten an Unfallstellen auf.

- **Es ist unverzüglich zu halten.**

    Dies bedeutet, ohne schuldhaftes Zögern und sobald dies gefahrlos möglich ist. Besteht zunächst keine Möglichkeit zu halten, muss umgehend versucht werden, zur Unfallstelle zurückzukehren. Etwas anderes gilt auf mehrspurigen Schnellstraßen und Autobahnen. Je nach Schwere des Unfalls kann das Verbot des § 18 Abs. 8 StVO (Halten auf dem Standstreifen) Vorrang vor dem aus § 34 Abs. 1 Nr. 1 StVO folgenden Haltegebot haben.

- **Der Verkehr ist zu sichern.**

    Dies bedeutet insbesondere den nachfolgenden und ggf. auch entgegenkommenden Verkehr vor der durch den Unfall entstandenen Gefahrenstelle zu warnen. Wie § 15 StVO für liegengebliebene Fahrzeuge vorschreibt, ist sofort Warnblinklicht einzuschalten. Danach ist mindestens ein auffällig warnendes Zeichen gut sichtbar in ausreichender Entfernung aufzustellen, und zwar bei schnellem Verkehr in etwa 100 m[55] Entfernung; vorgeschriebene Sicherungsmittel, wie Warndreiecke, sind zu verwenden[56].

---

54 s. u.
55 Für eine professionelle Absicherung unzureichend s. FN 50
56 Zur richtigen Absicherung vergleiche insgesamt Wackerhahn, Schubert; Absicherung von Einsatzstellen Rotes Heft 205 und dort besonders 5.2

2.2 Die Straßenverkehrsordnung – StVO –

- **Bei geringfügigem Schaden ist beiseite zu fahren.**
  Ebenso wichtig wie die Pflicht zum Absichern von Unfallstellen ist die ausdrücklich durch § 34 Abs. 1 Nr. 2 StVO angeordnete Pflicht, bei geringfügigem Schaden unverzüglich die Unfallstelle zu räumen, also beiseite zu fahren. Oft entsteht der Eindruck, dass diese wichtige Vorschrift vielen Verkehrsteilnehmern völlig unbekannt ist, die dann bei Bagatellunfällen die Fahrzeuge unverändert auf der Straße stehen lassen und so den Verkehr massiv gefährden und behindern, während sie auf die Polizei warten. Völlig verwundert wird dann zur Kenntnis genommen, dass die Polizei und unter Umständen auch die Feuerwehr im Rahmen der Gefahrenabwehr als erste Maßnahme die sofortige Räumung der Unfallstelle anordnet. Die Pflicht, eine Unfallstelle sofort zu räumen, gilt in gesteigertem Maße wegen der dort gefahrenen hohen Geschwindigkeiten auf Autobahnen. Wer nach einem Verkehrsunfall auf der Autobahn auf der Überholspur zum Stehen gekommen ist, muss grundsätzlich sein Fahrzeug sofort entfernen und auf dem rechten Seitenstreifen oder notfalls auf dem Mittelstreifen abstellen. § 34 StVO erlaubt es in einem solchen Fall nicht, zunächst nur die Unfallstelle abzusichern und die polizeiliche Unfallaufnahme abzuwarten[57].

---

57 OLG Zweibrücken, NStZ 2001,308

§ 34 Abs. 1 Nr. 4 und Nr. 5 weisen nochmals auf die gesetzlichen Pflichten nach den § 142, 323 c StGB hin.

§ 34 Abs. 3 StVO verbietet zugunsten der anderen Unfallbeteiligten und zur Sicherung ihres Feststellungsinteresses das Beseitigen jedweder Unfallspuren, bevor die notwendigen Feststellungen getroffen worden sind.

2.2.2.15 Zeichen und Weisungen der Polizeibeamten

§ 36
(1) Die Zeichen und Weisungen der Polizeibeamten sind zu befolgen. Sie gehen allen anderen Anordnungen und sonstigen Regeln vor, entbinden den Verkehrsteilnehmer jedoch nicht von seiner Sorgfaltspflicht.
(2) An Kreuzungen ordnet an:
1. Seitliches Ausstrecken eines Armes oder beider Arme quer zur Fahrtrichtung: »Halt vor der Kreuzung«. Der Querverkehr ist freigegeben. Wird dieses Zeichen gegeben, gilt es fort, solange in der gleichen Richtung gewinkt oder nur die Grundstellung beibehalten wird. Der freigegebene Verkehr kann nach den Regeln des § 9 abbiegen, nach links jedoch nur, wenn er Schienenfahrzeuge dadurch nicht behindert.
2. Hochheben eines Arms: »Vor der Kreuzung auf das nächste Zeichen warten«, für Verkehrsteilnehmer in der Kreuzung: »Kreuzung räumen«.
(3) Diese Zeichen können durch Weisungen ergänzt oder geändert werden.

2.2 Die Straßenverkehrsordnung – StVO –

(4) An anderen Straßenstellen, wie an Einmündungen und an Fußgängerüberwegen, haben die Zeichen entsprechende Bedeutung.
(5) Polizeibeamte dürfen Verkehrsteilnehmer zur Verkehrskontrolle einschließlich der Kontrolle der Verkehrstüchtigkeit und zu Verkehrserhebungen anhalten. Das Zeichen zum Anhalten kann auch durch geeignete technische Einrichtungen am Einsatzfahrzeug, eine Winkerkelle oder eine rote Leuchte gegeben werden. Mit diesen Zeichen kann auch ein vorausfahrender Verkehrsteilnehmer angehalten werden. Die Verkehrsteilnehmer haben die Anweisungen der Polizeibeamten zu befolgen.

Die Verkehrslenkung durch Polizeibeamte ist im Vergleich zur Vergangenheit die absolute Ausnahme geworden. Sie findet nur noch bei Störungen des Straßenverkehrs durch Ausfall von Lichtzeichenanlagen, bei Unfällen, Großveranstaltungen oder besonderen polizeilichen Lagen und natürlich im Rahmen von Verkehrskontrollen statt.

Die Vorschrift des § 36 StVO regelt die Befugnisse der Polizei zur Verkehrslenkung und zum Anhalten von Verkehrsteilnehmern bei Verkehrskontrollen und beschreibt die möglichen Handzeichen. Alle Zeichen und Weisungen der Polizei sind vorrangig. Sie gehen Verkehrsregeln, Verkehrsschildern und Lichtzeichenanlagen vor und sind von allen Verkehrsteilnehmern zu beachten. Nur die Polizei darf Verkehrseinrichtungen durch Zeichen und Weisungen außer Kraft setzen[58]. Ein neues

---

58 OLG Magdeburg VM 15 Nr 33

Zeichen an Polizeifahrzeugen zum Anhalten von vorausfahrenden Fahrzeugen ist durch § 52 Abs. 3 a StVZO seit einigen Jahren zugelassen. Die nach vorn und hinten optisch wirkenden Anhaltesignalgeber mit den Leuchtschriften »Stop Polizei« oder »Bitte folgen« können durch ein akustisches sogenanntes Yelp-Signal ergänzt werden.

3 Die Fahrt zur Einsatzstelle mit Sonder- und Vorrangrechten

3.1 § 35 StVO Befreiung von den Vorschriften der StVO

Die wichtigste Vorschrift für die Fahrt zur Einsatzstelle ist § 35 StVO, der unter bestimmten Voraussetzungen Sonderrechte gewährt.

§ 35 StVO
(1) Von den Vorschriften dieser Verordnung sind die Bundeswehr, die Bundespolizei, die Feuerwehr, der Katastrophenschutz, die Polizei und der Zolldienst befreit, soweit das zur Erfüllung hoheitlicher Aufgaben dringend geboten ist.
(…)
(2) Dagegen bedürfen diese Organisationen auch unter den Voraussetzungen des Absatzes 1 der Erlaubnis,
1. wenn sie mehr als 30 Kraftfahrzeuge im geschlossenen Verband (§ 27) fahren lassen wollen,
2. im Übrigen bei jeder sonstigen übermäßigen Straßenbenutzung mit Ausnahme der nach § 29 Absatz 3 Satz 2.
(…)
(4) Die Beschränkungen der Sonderrechte durch die Absätze 2 und 3 gelten nicht bei Einsätzen anlässlich von Unglücksfällen, Katastrophen und Störungen der öffentlichen Sicherheit oder Ordnung sowie in den Fällen

3 Die Fahrt mit Sonder- und Vorrangrechten

der Artikel 91 und 87a Absatz 4 des Grundgesetzes sowie im Verteidigungsfall und im Spannungsfall.
(…)
(5a) Fahrzeuge des Rettungsdienstes sind von den Vorschriften dieser Verordnung befreit, wenn höchste Eile geboten ist, um Menschenleben zu retten oder schwere gesundheitliche Schäden abzuwenden.
(…)
(7) Messfahrzeuge der Bundesnetzagentur für Elektrizität, Gas, Telekommunikation, Post und Eisenbahn (§ 1 des Gesetzes über die Bundesnetzagentur) dürfen auf allen Straßen und Straßenteilen zu allen Zeiten fahren und halten, soweit ihr hoheitlicher Einsatz dies erfordert.
(…)
(8) Die Sonderrechte dürfen nur unter gebührender Berücksichtigung der öffentlichen Sicherheit und Ordnung ausgeübt werden.
(9) Wer ohne Beifahrer ein Einsatzfahrzeug der Behörden und Organisationen mit Sicherheitsaufgaben (BOS) führt und zur Nutzung des BOS-Funks berechtigt ist, darf unbeschadet der Absätze 1 und 5a abweichend von § 23 Absatz 1a ein Funkgerät oder das Handteil eines Funkgerätes aufnehmen und halten.

Als Auslegungshilfe kann die VwV-StVO zu § 35 von Bedeutung sein. Sie lautet:

Zu den Absätzen 1 und 5
I. Bei Fahrten, bei denen nicht alle Vorschriften eingehalten werden können, sollte, wenn möglich und zuläs-

3.1 § 35 StVO Befreiung von den Vorschriften der StVO

sig, die Inanspruchnahme von Sonderrechten durch blaues Blinklicht zusammen mit dem Einsatzhorn angezeigt werden. Bei Fahrten im geschlossenen Verband sollte mindestens das erste Kraftfahrzeug blaues Blinklicht verwenden.

II. Das Verhalten geschlossener Verbände mit Sonderrecht Selbst hoheitliche Aufgaben oder militärische Erfordernisse rechtfertigen es kaum je, und zudem ist es mit Rücksicht auf die öffentliche Sicherheit (Absatz 8) auch dann wohl nie zu verantworten, dass solche geschlossenen Verbände auf Weisung eines Polizeibeamten (§ 36 Abs. 1) nicht warten oder Kraftfahrzeugen, die mit blauem Blinklicht und Einsatzhorn (§ 38 Abs. 1) fahren, nicht freie Bahn schaffen.

Zu Absatz 2
I. Die Erlaubnis (§ 29 Abs. 2 und 3) ist möglichst frühzeitig vor Marschbeginn bei der zuständigen Verwaltungsbehörde zu beantragen, in deren Bezirk der Marsch beginnt.
II. Die zuständige Verwaltungsbehörde beteiligt die Straßenbaubehörden und die Polizei. Geht der Marsch über den eigenen Bezirk hinaus, so beteiligt sie die anderen zuständigen Verwaltungsbehörden. Berührt der Marsch Bahnanlagen, so sind zudem die Bahnunternehmen zu hören. Alle beteiligten Behörden sind verpflichtet, das Erlaubnisverfahren beschleunigt durchzuführen.
III. Die Erlaubnis kann auch mündlich erteilt werden. Wenn es die Verkehrs- und Straßenverhältnisse dringend erfordern, sind Bedingungen zu stellen oder Auflagen zu

machen. Es kann auch geboten sein, die Benutzung bestimmter Straßen vorzuschreiben.

IV. Wenn der Verkehr auf der Straße und deren Zustand dies zulassen, kann eine Dauererlaubnis erteilt werden. Sie ist zu widerrufen, wenn der genehmigte Verkehr zu unerträglichen Behinderungen des anderen Verkehrs führen würde.

Zu Absatz 3
In die Vereinbarungen sind folgende Bestimmungen aufzunehmen:
1. Ein Verkehr mit mehr als 50 Kraftfahrzeugen in geschlossenem Verband (§ 27) ist möglichst frühzeitig - spätestens fünf Tage vor Marschbeginn - der zuständigen Verwaltungsbehörde anzuzeigen, in deren Bezirk der Marsch beginnt. Bei besonders schwierigen Verkehrslagen ist die zuständige Verwaltungsbehörde berechtigt, eine kurze zeitliche Verlegung des Marsches anzuordnen.
2. Ein Verkehr mit Kraftfahrzeugen, welche die in der Vereinbarung bestimmten Abmessungen und Gewichte überschreiten, bedarf der Erlaubnis. Diese ist möglichst frühzeitig zu beantragen. Auflagen können erteilt werden, wenn es die Verkehrs- oder Straßenverhältnisse dringend erfordern. Das Verfahren richtet sich nach Nummer II zu Absatz 2 (Rn. 4).

Zu Absatz 4
Es sind sehr wohl Fälle denkbar, in denen schon eine unmittelbar drohende Gefahr für die öffentliche Sicher-

heit oder Ordnung einen jener Hoheitsträger zwingt, die Beschränkungen der Sonderrechte nicht einzuhalten. **Dann darf das nicht beanstandet werden**.

3.2 Befreite Organisationen und Fahrzeuge

Zunächst ist zu klären, für wen die StVO überhaupt eine Befreiung vorsieht. In § 35 Abs. 1 StVO werden aufgezählt

1. die Bundeswehr
2. die Bundespolizei
3. die Feuerwehr
4. der Katastrophenschutz
5. die Polizei und
6. der Zolldienst.

Die Aufzählung ist nicht fahrzeugbezogen. Befreit sind die Angehörigen und zum Dienst herangezogenen Personen. Damit können Sonderrechte auch mit Fremdfahrzeugen wahrgenommen werden, wenn diese im Dienst der jeweiligen Organisation eingesetzt werden. Dies ist unabhängig von der Ausrüstung mit blauem Blinklicht und Einsatzhorn[59], zumal

---

59 Zutreffend Burmann/Heß/Hühnermann/Jahnke, Straßenverkehrsrecht § 35 Rdnr. 2

3 Die Fahrt mit Sonder- und Vorrangrechten

nicht einmal alle Fahrzeuge der vorgenannten Organisationen über eine solche Ausrüstung verfügen[60].

Während Bundeswehr[61], Bundespolizei[62] und Zolldienst[63] klar definierte Organisationseinheiten sind, sind die übrigen erörterungsbedürftig.

3.2.1 Feuerwehren

Unter den Begriff Feuerwehr fallen unterschiedliche Organisationen[64]. Zur Feuerwehr im Sinne des § 35 Abs. 1 StVO gehören entsprechend den Brandschutz- bzw. Feuerwehrgesetzen der Bundesländer

- die Berufsfeuerwehren
- die Freiwilligen Feuerwehren
- die Pflicht-Feuerwehren
- die Betriebs- und Werkfeuerwehren von privaten Unternehmen

---

60 z. B. Kampfpanzer der Bundeswehr
61 Die Bundeswehr sind die vom Bund nach Art. 87a Abs. 1 GG aufgestellten Streitkräfte der Bundesrepublik Deutschland
62 Die Bundespolizei wird nach § 1 Abs. 1 Bundespolizeigesetz in bundeseigener Verwaltung geführt. Sie ist eine Polizei des Bundes im Geschäftsbereich des Bundesministeriums des Innern.
63 Der Zoll gehört zum Bundesministerium der Finanzen. Seine Aufgaben sind im Zollverwaltungsgesetz geregelt.
64 Führende Kommentare zur StVO sprechen fälschlicherweise sogar immer noch von der »Feuerschutzpolizei« vgl. Hentschel/König/Dauer 44. Auflage 2017, § 35 Rdnr. 3;

3.2 Befreite Organisationen und Fahrzeuge

- die Betriebsfeuerwehren der Deutschen Bahn
- die Flughafenfeuerwehren[65]
- die Bundeswehrfeuerwehren
- die Aufsichtsbehörden im Bereich der Feuerwehr

Allen diesen ist die Aufgabe Brände zu bekämpfen und die Hilfeleistung bei Unglücksfällen sicherzustellen gemeinsam. Nicht zwingend sind es öffentliche Feuerwehren. Zum Begriff Feuerwehr zählen auch die »privaten« Feuerwehren von Werken und Betrieben, Flughäfen und die Betriebsfeuerwehren der Deutschen Bahn.

3.2.2 Katastrophenschutz

Unten den Begriff Katastrophenschutz im Sinne des § 35 Abs. 1 StVO fallen alle Organisationen, die aufgrund des Gesetzes über den Zivilschutz und die Katastrophenhilfe des Bundes (ZSKG)[66] und der Gesetze der Bundesländer im Katastrophenschutz mitwirken. Dies sind neben den Feuerwehren die Bundesanstalt Technisches Hilfswerk[67] und die Hilfsorganisa-

---

65 Maßgeblich sind hier die Richtlinien der Internationale Zivilluftfahrtorganisation (ICAO = International Civil Aviation Organisation). Diese ist eine Sonderorganisation der Vereinten Nationen mit Sitz in Montreal.
66 Vgl. Fischer, Rechtsfragen beim Feuerwehreinsatz, 3.2.1.2.1
67 Vgl. Gesetz über das Technische Hilfswerk (THW-Gesetz - THWG)

tionen, soweit diese ebenfalls im Katastrophenschutz mitwirken[68].

3.2.3 Polizei

Der Begriff Polizei in § 35 Abs. 1 StVO ist weit auszulegen. Unter den Begriff fallen alle Dienststellen und Beamte, die nach den Polizeigesetzen der Bundesländer und des Bundes[69] Polizeiaufgaben hoheitlicher Art zu erfüllen haben. Darüber hinaus unterfallen unter den Begriff der Polizei auch alle Behörden, die aufgrund anderer gesetzlicher Bestimmungen polizeiliche Aufgaben wahrnehmen. Dabei sind polizeiliche Aufgaben so zu verstehen, dass diese darauf abzielen, von der Allgemeinheit und dem Einzelnen Gefahren durch hoheitliche Maßnahmen abzuwehren. Als Polizei in diesem Sinne sind daher auch die Vollzugsbeamten der örtlichen Ordnungsämter oder Jagd-, Forst-, oder Fischereiaufseher anzusehen[70]. Auch Beamte der Steuerfahndung fallen hierunter[71].

---

68 Zu nennen sind: Arbeiter-Samariter-Bund (ASB); Deutsche-Lebens-Rettungs-Gesellschaft (DLRG); Deutsches Rotes Kreuz (DRK); Johanniter-Unfall-Hilfe (JUH); Malteser Hilfsdienst (MHD)
69 Neben der Bundespolizei (s. o.) unterhält Bund ein Bundeskriminalamt zur Zusammenarbeit des Bundes und der Länder in kriminalpolizeilichen Angelegenheiten.
70 Kullik NZV 2010, 593
71 Vgl. § 404 AO; OLG Celle VRS 74, 220

3.2 Befreite Organisationen und Fahrzeuge

Die Polizei handelt auch dann im hoheitlichen Einsatz, wenn sie Amtshandlungen in Zivil- und mit einem Privatfahrzeugen durchführt. Ob die Inanspruchnahme von Sonderrechten notwendig ist, entscheidet allein die Dienststelle, die den Einsatz anordnet, oder der Fahrzeugführer nach pflichtgemäßem Ermessen.

3.2.4 Fahrzeuge des Rettungsdienstes

Eine besondere Regelung gilt nach § 35 Abs. 5a StVO für den Rettungsdienst. Dieser ist nicht bei den befreiten Organisationen nach § 35 Abs. 1 StVO aufgezählt.

3.2.4.1 Zugehörigkeit zum Rettungsdienst

Wer zum Rettungsdienst gehört, bestimmen die Rettungsdienstgesetze der Bundesländer[72]. Der Rettungsdienst umfasst:
- die Notfallrettung,
- den Krankentransport,
- die Versorgung einer größeren Anzahl Verletzter oder Kranker bei außergewöhnlichen Schadenereignissen.

---

72 §§ 1, 2 RDG BW; Art. 2 bayRDG; §§ 2, 5 RDG Berlin, §§ 2, 6 BbgRettG; §§ 3, 5 BremRettDG, §§ 3,7 HmbRDG; §§ 3, 5 HRDG; §§ 2, 7 RDG M-V §§ 2, 6 RettG NRW; §§ 2, 3 NRettDG ; §§ 2, 3 RettDG RP; §§ 2, 5 SRettG; §§ 2, 3 SächsRettDG;§§ 2, 4 RettDG LSA; §§ 4, 5 ThürRettG; §§ 1, 3 SHRDG

3 Die Fahrt mit Sonder- und Vorrangrechten

Anders als bei § 35 Abs. 1 StVO ist nicht allgemein der Rettungsdienst von den Vorschriften der StVO befreit. Die Befreiung nach § 35 Abs. 5 a StVO beschränkt sich vielmehr auf die Fahrzeuge des Rettungsdienstes. Dies sind alle Fahrzeuge, welche ihrer Bestimmung nach der Lebensrettung und dem Notfalltransport dienen. Nicht erforderlich ist, des er sich um öffentlich-rechtliche Halter handelt. Auch Fahrzeuge privater Halter können bei einer entsprechenden Einbindung unter den Begriff Rettungsdienst fallen[73]. Ferner fallen unter den Begriff Rettungsdienst auch die für die medizinische Rettung ansonsten erforderlichen Fahrzeuge[74].

Fraglich ist, ob Sonderrechte nach § 35 Abs. 1 oder nach Abs. 5 a StVO in Anspruch genommen werden können, wenn es sich um Rettungsdienstfahrzeuge von Feuerwehr, Katastrophenschutz oder Bundeswehr handelt. Diese Frage ist auch nicht ohne praktische Relevanz, da die Schwelle für die zulässige Inanspruchnahme von Sonderrechten nach § 35 Abs. 5 a StVO höher liegt. Die Inanspruchnahme muss nicht nur dringend geboten sein, sondern es muss höchste Eile zur Rettung von Menschenleben oder zur Abwehr schwerer Gesundheitsschäden bestehen. Für die Anwendung des § 35 Abs. 5 a StVO scheint auf den ersten Blick zu sprechen, dass es sich um die speziellere Regelung handelt, die daher vorrangig anzuwenden

---

[73] BGH NJW 92, 2882; OLG Köln VRS 59, 382 = StVE 3; LG München VersR 82, 679

[74] Z. B. für Blutkonserven, Organspenden, den organisatorischen Leiter Rettungsdienst oder im Rettungsdienst integrierte Ersthelfer (First Responder) siehe auch Begr zu 9. ÄndVO der StVO; OVG Lüneburg ZfS 97, 397

3.2 Befreite Organisationen und Fahrzeuge

wäre. Nach der Rechtsprechung und der überwiegenden Meinung in der Literatur ist jedoch zutreffend bei Rettungsdienstfahrzeugen von Feuerwehr, Katastrophenschutz und Bundeswehr § 35 Abs. 1 StVO anzuwenden[75]. Dies ergibt sich bereits aus der Entstehungsgeschichte des § 35 Abs. 5 a StVO, der erst 1975 eingeführt wurde. Davon blieb die bereits zuvor bestehende Berechtigung der Feuerwehr unberührt. Damit kann ein Rettungswagen der Feuerwehr, der, ohne dass eine konkrete Gefahr für Menschenleben oder erhebliche Gesundheitsgefahren vorliegt, nach wie vor Sonderrechte nach § 35 Abs. 1 StVO nutzen. Wird hingegen ein RTW des Rettungsdienstes zur reinen Eigensicherung bei einem Feuerwehreinsatz alarmiert, stehen diesem mangels der strengeren Voraussetzungen des § 35 Abs. 5 a StVO keine Sonderrechte zu.

3.2.4.2 Höchste Eile zur Rettung von Menschenleben oder zur Abwehr von schweren Gesundheitsschäden

Für Fahrzeuge des Rettungsdienstes, die nicht zur Feuerwehr, zum Katastrophenschutz oder zur Bundeswehr gehören, be-

---

[75] Bay VRS 65, 227, Schneider, Feuerwehr im Straßenverkehr, 2. Auflage 1995, S. 48; *Fehn/Selen*, Rechtshandbuch für Feuerwehr und Rettungsdienst, 2. Auflage 2003, S. 234 ff.; Hentschel/König/Dauer, Straßenverkehrsrecht, § 35 Rdnr. 4; *Cimolino/Dickmann*, NZV 2008, NZV 2008, 118; anders *Wasielewski*, Sonderrechte im Einsatz, 2. Auflage 2005, S. 27 ff.; *Müller*, SVR 2006, SVR 2006, 250; *Schröder*, NZV 2008, 281

3 Die Fahrt mit Sonder- und Vorrangrechten

stehen hingegen nur dann Sonderrechte, wenn höchste Eile zur Rettung von Menschenleben oder zur Abwehr schwerer Gesundheitsschäden besteht. Dieses wird rechtsdogmatisch teilweise als eine Spezialregelung des rechtfertigenden Notstands nach den §§ 34 StGB, 16 OWiG angesehen[76]. Höchste Eile bedeutet, dass jede Verzögerung eine Gefahr für das Leben des Patienten bedeutet oder diesen der Gefahr einer erheblichen Gesundheitsschädigung aussetzt. Die Inanspruchnahme der Sonderrechte muss ein geeignetes und angemessenes Mittel sein, diese Gefahr zu mindern. Dies ist immer eine Frage des Einzelfalls und kann nicht pauschal beantwortet werden. Bagatellverletzungen eines Patienten scheiden jedoch zwangsläufig immer aus, um Sonderrechte zu begründen.

Soweit es um die Abwehr der Gefahren für Menschenleben oder schwere Gesundheitsgefahren geht, ist die Eilbedürftigkeit auch von Ärztetransporten anzunehmen und rechtfertigt die Inanspruchnahme der Sonderrechte[77]. Gleiches gilt dann auch für den Transport von Blutkonserven, wichtigen zur Rettung erforderlichen Medikamenten, Organen oder medizinischen Geräten.

Die Frage, ob höchste Eile anzunehmen ist, richtet sich maßgeblich nach dem Einsatzbefehl und mithin nach dem Notruf, so wie er bei der Leitstelle eingegangen ist und nicht nach späterer objektiver Betrachtung. Denn der Einsatzfahrer kann die tatsächliche Lage nicht überblicken[78]. Steht jedoch

---

76 Vgl. Hentschel/König/Dauer § 35 Rdnr. 5; Klenk NZV 10, 593
77 OVG Münster NZV 2000, 514
78 OVG Lüneburg ZfS 97, 397

eindeutig fest, dass höchste Eile zur Rettung von Menschenleben oder zur Abwehr einer schweren Gesundheitsgefahr geboten ist, kommt es für die Befreiung von den Vorschriften der StVO nicht darauf an, ob tatsächlich ein Einsatzbefehl der Leitstelle für den Rettungsdienst vorlag[79].

3.2.4.3 RTW und NEF als Einheit

Eine völlig überschätze Frage ist, ob das Notarzteinsatzfahrzeug nach Übernahme des Patienten durch den Rettungswagen noch Sonderrechte in Anspruch nehmen darf. Diese Frage wird intensiv diskutiert[80], spielt aber in der Rechtsprechung keinerlei Rolle. Es gibt bislang kein einziges Urteil, welches sich mit dieser Frage beschäftigt. Dies ist auch nachvollziehbar, denn es ist kaum denkbar, dass ein gemeinsam mit einem Rettungswagen mit Sondersignal fahrendes Notarzteinsatzfahrzeug kontrolliert wird und ein Bußgeldverfahren nach § 49 Abs. 3 Nr. 3 1. Alt. StVO[81] eingeleitet wird, weil die Voraus-

---

79 Bay VRS 59, 385
80 Vgl. die umfassende Darstellung bei Nadler, BRANDSchutz/Deutsche Feuerwehr-Zeitung, 4/2018, 39ff; *Wasielewski*, Sonderrechte im Einsatz, 2. Auflage 2005, S. 27 ff.; *Müller*, SVR 2006, 250; *Schröder*, NZV 2008, 281; Klenk: Sonder- und Wegerechte bei der Begleitfahrt des Notarzteinsatzfahrzeuges? – Nicht die Regel, sondern eine Ausnahme NZV 2010, 593
81 (3) Ordnungswidrig im Sinne des § 24 des Straßenverkehrsgesetzes handelt ferner, wer vorsätzlich oder fahrlässig
3. 1 Alt. entgegen § 38 Absatz 1, 2 oder 3 Satz 3 blaues Blinklicht zusammen mit dem Einsatzhorn oder allein oder gelbes Blinklicht verwendet

setzungen für die Inanspruchnahme nach Auffassung der Bußgeldbehörde nicht vorlagen. Auch die Annahme, dass die Frage dann bedeutsam werde, wenn es zu einem Unfall komme, wird von der Rechtswirklichkeit nicht bestätigt. Denn es ist irrelevant, ob mit oder ohne Sonderrechte andere konkret gefährdet oder gar geschädigt werden. Denn dies darf auch bei berechtigter Inanspruchnahme von Sonderrechten nicht geschehen[82]. Als unsinnig und sehr irritierend sind daher die Aussagen anzusehen, als Rechtsfolge der missbräuchlichen Verwendung von blauem Blinklicht oder blauem Blinklicht zusammen mit dem Einsatzhorn durch ein NEF seien in strafrechtlicher Hinsicht im Schadensfall sogar Verurteilungen nach den §§ 223 ff StGB (vorsätzliche Körperverletzung), 229 StGB (fahrlässige Körperverletzung), 222 StGB (fahrlässige Tötung) und 303 StGB (vorsätzliche Sachbeschädigung) möglich[83]. Denn auch bei einer fahrlässigen Körperverletzung oder fahrlässigen Tötung und erst recht bei einer vorsätzlichen Körperverletzung oder vorsätzlichen Sachbeschädigung gilt, dass diese sowohl mit als auch ohne Sonderrechte nicht zulässig und mithin rechtswidrig sind. Eine Verurteilung wegen dieser Delikte ist unabhängig von der Frage, ob Sonderrechte zulässigerweise oder unzulässigerweise in Anspruch genommen

---

82 S.u.
83 So Nimis, Sonderrechte im Rettungsdienst – Sonderprobleme? Â, NZV 2009, 582, 586, ähnlich Schröder, Die Nutzung von Sonderrechten im Rendezvoussystems der Notfallrettung NZV 2008, 281

3.2 Befreite Organisationen und Fahrzeuge

wurden. Allenfalls bei der Frage nach dem Grad der Schuld könnte theoretisch diese Frage relevant werden. Ein solches Urteil ist bislang jedoch noch nicht bekannt.

Unabhängig von der Relevanz der Frage wird man sich im Ergebnis der Auffassung entsprechend dem allgemeinen Übermaßverbot anschließen müssen, dass nur ausnahmsweise die Inanspruchnahme von Sonderrechten durch NEF nach Übernahme des Patienten durch den RTW zulässig ist. Eine Zulässigkeit ist also anzunehmen, wenn[84]

- die Inanspruchnahme von Sonderrechten durch NEF – gleich welcher Organisationszugehörigkeit – sie nach einer Gefahrenprognose geboten ist, um eine konkret bestehende Lebensgefahr oder einen schweren Gesundheitsschaden von einem Patienten abzuwenden. Der Einsatz des NEF muss dafür konkret erforderlich sein, sei es bei einem medizinisch indizierten Einsatz als Straßenräumer oder der einzelnen Vorausfahrt zur Erfüllung eigener medizinischer Zwecke,
- oder wenn es aufgrund konkreter Anhaltspunkte wahrscheinlich ist, dass die Verfügbarkeit des NEF während der Fahrt erforderlich werden wird. Hauptfall ist ein notwendiger unverzüglicher Zugriff auf Ausstattung oder Personal des NEF. Die Anordnung hat durch den Notarzt zu erfolgen und sollte dokumentiert werden.

---

84 Klenk a.a.O. siehe FN 80

3 Die Fahrt mit Sonder- und Vorrangrechten

Hingegen wird allein die Möglichkeit einer schnelleren Wiederherstellung der Einsatzbereitschaft ohne konkreten Folgeeinsatz keine Begleitfahrt des NEF mit Sonderrechten erlauben. Eine Ausnahme kann wiederum vorliegen, wenn nach Einschätzung der Leitstelle anderenfalls die Sicherheit im Einsatzgebiet ernsthaft gefährdet wäre.

3.3 Voraussetzungen für die Inanspruchnahme von Sonderrechten nach § 35 Abs. 1 StVO

Allein die Zugehörigkeit zu den in § 35 Abs. 1 StVO genannten Organisationen berechtigt nicht zur Inanspruchnahme von Sonderrechten. Sonderrechte stellen auch für diese einen Ausnahmefall dar, der nur gegeben ist, wenn die weiteren Voraussetzungen des § 35 Abs. 1 StVO erfüllt sind.

3.3.1 Erfüllung hoheitlicher Aufgaben

Allgemein sind unter hoheitlichen Aufgaben die Tätigkeiten zu verstehen, die der Bund, die Länder oder die Gemeinden oder sonstige öffentlich-rechtliche Körperschaften kraft öffentlichen Rechts zu erfüllen haben. Bei sonstigen anderen Tätigkeiten handeln auch Behörden privatrechtlich. Für die in § 35 Abs. 1 StVO genannten Organisationen liegt mithin ein hoheitliches

3.3 Voraussetzungen für die Inanspruchnahme

Handeln nur dann vor, wenn diese entsprechend ihrer gesetzlichen Aufgaben handeln. Dies ist dann der Fall,

- wenn die Bundeswehr im Rahmen ihres Verteidigungsauftrages tätig wird, nicht aber z. B. bei einem Konzert des Heeresmusikkorps anlässlich einer Benefizveranstaltung,
- wenn die Bundespolizei ihre Aufgaben nach dem Bundespolizeigesetz wahrnimmt[85],
- wenn die Feuerwehr ihre Aufgaben nach den Brandschutz- bzw. Feuerwehrgesetzen der Bundesländer wahrnimmt[86]. Das ist auch bei einer anerkannten oder angeordneten privaten Feuerwehr der Fall, und zwar dann außerhalb und innerhalb des Betriebsgeländes. So hat beispielsweise die Werkfeuerwehr gem. § 35 Abs. 1 StVO auf öffentlichen Straßen Sonderrechte, wenn diese zu einem Einsatz in einem anderen Werk oder aber zur Unterstützung der öffentlichen Feuerwehr[87] ausrückt. Grundsätzlich stehen der Feuerwehr die Sonderrechte auch bei Übungen zu, denn auch bei diesen handelt es sich um eine hoheitliche Aufgabenerfüllung[88]. Hier ist jedoch zu

---

85 Vgl. Fischer, a.a.O. 3.2.1.7
86 Vgl. Fischer a.a.O. 3.2.1.1.2
87 Z. B. durch Hilfeleistung vor Ort bei TUIS (Transport-Unfall-Informations- und Hilfeleistungssystem der chemischen Industrie)
88 BGH NJW 1956, 1633; Burmann/Heß/Hühnermann/Jahnke, Straßenverkehrsrecht
25. Auflage 2018, § 35 Rdnr. 6

beachten, dass es häufig an der Dringlichkeit (s. u.) mangeln wird. Sonderrechte scheiden von vornherein aus, wenn rein privatrechtlich gehandelt wird, also zum Beispiel bei einer normalen Besorgungsfahrt. Auch mit einem Einsatzfahrzeug der Feuerwehr sind dann alle Verkehrsvorschriften zu beachten.
- wenn die Einheiten des Katastrophenschutzes bei Einsätzen oder Übungen im Rahmen des ZSGE oder der Katastrophenschutzgesetze der Bundesländer tätig werden. Keine Sonderrechte bestehen, allerdings wenn die für den Katastrophenschutz staatlich zur Verfügung gestellten Fahrzeuge für andere Zwecke genutzt werden, z. B. zur Durchführung des Sanitätsdienstes bei Veranstaltungen oder sonstigen organisationsspezifischen Tätigkeiten (Blutspendetermine, Kleidersammelaktionen pp.).
- wenn dringende Amtshilfe geleistet werden muss. Bei der aufgrund des Art. 35 GG und den §§ 4 ff VwVfG geleisteten Amtshilfe[89] handelt auch die hilfeleistende Behörde im Regelfall in der Erfüllung hoheitlicher Aufgaben. Auch dann können, wenn die Dringlichkeit gegeben ist, Sonderrechte nach § 35 Abs. 1 StVO in Anspruch genommen werden, z. B., wenn die Feuerwehr von der Polizei dringend um Hilfeleistung bei der Ausleuchtung einer polizeilichen Einsatzstelle ersucht wird.

---

89 Vgl. Fischer a.a.O. 5

3.3 Voraussetzungen für die Inanspruchnahme

3.3.2 Dringlichkeit

Sonderrechte stehen den Berechtigten nur zu, wenn diese zur Erfüllung der hoheitlichen Aufgaben dringend geboten sind. Eine anderweitige Dringlichkeit, etwa rein zur Erfüllung innerdienstlicher Pflichten, z. B. die Teilnahme an einer Schulung, rechtfertigt nicht die Inanspruchnahme von Sonderrechten. Bei der Wahrnehmung der hoheitlichen Aufgaben muss die sofortige Diensterfüllung wichtiger sein als die Beachtung der jeweiligen Verkehrsregeln. Andernfalls muss die StVO eingehalten werden.

§ 35 Abs. 1 StVO ist eng auszulegen[90]. Denn die Freistellung hat einen ausgesprochenen Ausnahme-Charakter. Sie verlangt eine Feststellung der konkreten Umstände, die die Dringlichkeit der Erfüllung der hoheitlichen Aufgaben im Verhältnis zu den Gefahren, die durch die Verletzung der konkreten jeweiligen Vorschriften der StVO entstehen können, belegen[91]. Es ist mithin erforderlich, dass die hoheitliche Aufgabe, bei Einhaltung der konkret zu verletzenden Vorschriften nicht oder nicht mit in Anbetracht der konkreten Gefahr ausreichender Sicherheit erfüllt werden kann[92].

---

90 OLG Celle Urt v 30.11.2006 – 14 U 204/05 = BeckRS 2007, 00 334
91 BGH NJW 90, 632
92 Müller, SVR 2019, 86, 87

3 Die Fahrt mit Sonder- und Vorrangrechten

> **Beispiel:**
> Die Feuerwehr wird mit den Stichworten »Tierrettung – Katze im Baum« alarmiert. Es ist dann nicht dringend geboten, gegen allgemeine Verkehrsregeln zu verstoßen, weil kaum zu erwarten ist, dass die Rettung sehr zeitkritisch ist. Außerdem wird das zu schützende Rechtsgut (in diesem Beispiel der Schutz des Tieres) bei einer Abwägung zu den Verkehrsgefahren, die bei einer »klassischen Sonderrechtsfahrt« entstehen, deutlich zurücktreten müssen. Einfach ausgedrückt: Die Katze kann warten. Hingegen ist es zur Erfüllung der Tierrettung erforderlich, gegen das durch Zeichen 242.1 StVO ausgesprochene Verbot, eine Fußgängerzone zu befahren, zu verstoßen, um mit der Drehleiter die Einsatzstelle zu erreichen. Das Befahren ist daher durch § 35 Abs. 1 StVO berechtigt.

Bei der Einschätzung der Dringlichkeit besteht ein gewisser Beurteilungsspielraum[93]. Allerdings ist dieser deutlich überschritten, wenn der Einsatzerfolg sich ebenso gut und sicher ohne die Inanspruchnahme von Sonderrechten erreichen ließe. Daher werden Notfallseelsorger nur im Ausnahmefall Sonderrechte in Anspruch nehmen können.

Kritisch zu sehen sind im Hinblick auf die Dringlichkeit immer Übungs- und Schulungsfahrten mit Sonderrechten (s. u.).

---

93 OLG Celle Urt v 30.11.2006 – 14 U 204/05 = BeckRS 2007, 00 334; KG Berlin NZV 2000, 510; OLG Stuttgart NZV 1992, 123; OLG Frankfurt/M ZfS 1995, 85

3.4 Befreiung von bestimmten Vorschriften

Nur und ausschließlich von den Vorschriften der StVO befreien die Sonderrechte nach § 35 Abs. 1 StVO. Wer gegen andere Vorschriften verstößt oder Verkehrsstraftaten begeht, kann sich nicht auf Sonderrechte nach § 35 StVO berufen.

Befreiung heißt nicht, dass die Verkehrsregeln aufgehoben sind. Vielmehr schränkt § 35 StVO die Rechte anderer zugunsten des Sonderrechtsfahrers ein, so dass dieser unter Anwendung größtmöglicher Sorgfalt deren Rechte »missachten« darf[94]. Sonderrechte haben mit dem Verkehrszeichen nach § 38 StVO, also blauem Blinklicht und Einsatzhorn, nichts zu tun. Dem Fahrzeugführer stehen daher die Sonderrechte auch zu, wenn das Fahrzeug überhaupt nicht über eine Sondersignalanlage verfügt oder aber diese Signale nicht eingeschaltet werden [95]. Im Sicherheitsinteresse sollte – soweit vorhanden – die Sondersignalanlage aufgrund der damit verbundenen Warnfunktion genutzt werden.

Bei jeder Nutzung der Sonderrechte ist § 35 Abs. 8 StVO von entscheidender Bedeutung. Danach dürfen Sonderrechte nur unter gebührender Berücksichtigung der öffentlichen Sicherheit und Ordnung ausgeübt werden. Dies bedeutet, dass die Sonderrechte beschränkt werden. Damit sind die nach § 35 Abs. 1 und Abs. 5 a StVO Bevorrechtigten nicht vom Verbot

---

94 BGHZ NJW 1975,648
95 Burmann/Heß/Hühnermann/Jahnke, Straßenverkehrsrecht § 35 StVO Rdnr. 2; OLG Köln NZV 96, 237

einer *konkreten* Gefährdung befreit[96]. Erst recht ist ihnen nicht die Schädigung oder gar Verletzung anderer gestattet[97].

Eine Schädigung oder konkrete Gefährdung kann nur ausnahmsweise aus Gründen des rechtfertigenden Notstandes, nicht aber nach § 35 StVO, zulässig sein[98] (z. B. wenn ein durch Drehleiter ein verkehrsordnungswidrig abgestelltes Fahrzeug bei der Rettung einer Person beschädigt wird).

Die Frage, ob sich der Fahrer eines Fahrzeuges mit Sonderrechten verkehrsgerecht verhalten hat, ist unter zwei Gesichtspunkten zu prüfen. Zum einem ist zu berücksichtigen, dass es ihm erlaubt ist, von Vorschriften abzuweichen. Zum anderen ist die durch das Abweichen von der jeweiligen Vorschrift erhöhte Unfallgefahr zu berücksichtigen, der durch zusätzlich erhöhte Sorgfalt begegnet werden muss[99]. Denn Sonderrechte dürfen nur unter größtmöglicher Sorgfalt wahrgenommen werden[100].

Je größer und damit gefahrvoller das Abweichen von den Vorschriften der StVO, desto größer muss die Vorsicht sein[101].

---

96 Burmann/Heß/Hühnermann/Jahnke § 35 Rdnr.13, OLG Braunschweig NZV 90, 198; Kullik NZV 94, 58
97 OLG Braunschweig NZV 90, 198; Kullik NZV 94, 58
98 S.u.
99 BGHZ 26, 69, 71; VM 62, 38
100 BGH NJW 1975, 648; OLG Nürnberg VRS 103, 321, KG VRS 108, 417. VersR 1989, 268; OLG Schleswig VersR 1996, 1096; OLG Karlsruhe VRS 72, 83
101 KG Berlin NZV 05, 636; OLG Hamm DAR 96, 93; OLGR OLG Frankfurt/M 98, 341

3.4 Befreiung von bestimmten Vorschriften

Folgende Merksätze können aufgestellt werden[102]:

- Die Verkehrssicherheit hat Vorrang gegenüber dem Interesse an raschem Vorwärtskommen. Sicherheit geht vor Schnelligkeit.
- Je größer die Abweichung von den allgemeinen Verkehrsvorschriften ist, umso größer ist die Pflicht zur Rücksichtnahme auf das Verhalten der anderen Verkehrsteilnehmer.
- Andere Verkehrsteilnehmer dürfen nicht deswegen *konkret* gefährdet oder gar geschädigt werden, weil anderen Menschen geholfen werden soll.
- Gerade bei der Inanspruchnahme von Sonderrechten darf nicht »auf gut Glück« gefahren werden.
- Je bedeutsamer und dringlicher der Einsatz ist, desto eher ist ein Abweichen von Vorschriften der StVO vertretbar.

Für die einzelnen Grundregeln der StVO gilt Folgendes:

3.4.1 § 1 Allgemeine Grundregel

Grundsätzlich berechtigen Sonderrechte nach § 35 Abs. 1, Abs. 5 StVO auch von § 1 StVO abzuweichen. Dieses wird aber durch § 35 Abs. 8 StVO begrenzt, so dass eine konkrete Gefährdung oder Schädigung nicht durch Sonderrechte gerecht-

---

102 Fischer, a.a.O. 6.2. S. 186 mit Hinweis auf Schneider, Feuerwehr im Straßenverkehr 1.5.2

3 Die Fahrt mit Sonder- und Vorrangrechten

fertigt ist[103]. Dennoch kann auch von § 1 StVO insoweit abgewichen werden, dass bei der Inanspruchnahme von Sonderrechten, soweit unvermeidbar, andere behindert oder belästigt werden. Ein Behindern anderer Verkehrsteilnehmer ist bei Sonderrechten in vielen Fällen unvermeidbar. Behindern bedeutet, jemand anderen in seinem beabsichtigten Verkehrsverhalten nachhaltig zu beeinträchtigen, ohne ihn zu gefährden oder zu schädigen. Der Begriff beinhaltet ein Element der Willensbeugung des anderen[104]. Verzichtet dieser freiwillig auf sein ihm eigentlich zustehendes Vorrecht, liegt keine Behinderung vor. Wird ein anderer Verkehrsteilnehmer hingegen durch die Inanspruchnahme der Sonderrechte zu einem Verzicht auf ihm zustehende Rechte gezwungen, kann je nach Intensität von einer Behinderung gesprochen werden. Diese ist dann aber durch die Sonderrechte gerechtfertigt.

Hingegen wird gegen das Verbot von Belästigungen nach § 1 StVO mit Sonderrechten kaum verstoßen werden. Eine Belästigung liegt vor, wenn mehr als *unvermeidbar* körperliches und seelisches Unbehagen einem anderen bereitet wird[105]. Dies kann zwar dadurch geschehen, dass andere – insbesondere schwächere Verkehrsteilnehmer – unter erheblichen Stress geraten, etwa weil sie in einer schwierigen Verkehrssituation dem Einsatzfahrzeug so schnell wie möglich freie Bahn geben und diesem den Vorrang einräumen müssen. Im Regelfall werden diese Situationen jedoch für den Einsatz-

---

103 S.o. 35
104 Hentschel/König/Dauer § 1 Rdnr. 40
105 Hentschel/König/Dauer § 1 Rdnr. 42/43

3.4 Befreiung von bestimmten Vorschriften

fahrer *nicht unvermeidbar* sein, so dass eine Belästigung von vornherein nicht vorliegt.

3.4.2 § 3 Geschwindigkeit

Zumeist werden Sonderrechte mit dem Überschreiten der jeweils zulässigen Geschwindigkeit in Verbindung gebracht. Sonderrechte erlauben das Überschreiten der zulässigen Geschwindigkeit, wenn

- es sich um einen zeitkritischen Einsatz handelt und der Einsatzerfolg vom raschen Eintreffen abhängt,
- eine *konkrete* Gefährdung oder gar Schädigung anderer bei sorgfältiger Prüfung nicht wahrscheinlich ist,
- der Fahrer das Fahrzeug jederzeit noch beherrschen kann (also nicht die Gefahr des plötzlichen Ausbrechens besteht)[106] und
- er das Fahrzeug bei Auftauchen eines Hindernisses rechtzeitig anhalten kann[107].

3.4.3 § 4 Abstand

Auch von der Vorschrift hinsichtlich des erforderlichen Abstandes kann, soweit dies erforderlich ist, z. B. um einen notwendigen Überholvorgang einzuleiten, abgewichen werden.

---

106 s. u. Kap. 6.2 bis 6.5.
107 s. Kap. 6.2. bis 6.4

3 Die Fahrt mit Sonder- und Vorrangrechten

Allerdings ist gerade hier mit einem typischen Fehlverhalten mancher Kraftfahrer zu rechnen, wenn die Sondersignalanlage eingeschaltet ist. Anstatt freie Bahn zu schaffen, halten diese oft unvermittelt, verbunden mit einer starken Bremsung, an. Grundsätzlich gilt, dass ein Fahrzeugführer auch bei plötzlichem und selbst starkem Bremsen des Vorausfahrenden noch so viel Abstand halten muss, dass er noch rechtzeitig anhalten kann[108]. Mit einem ruckartigen und verkehrswidrigen Anhalten des Vorausfahrenden muss jedoch nicht gerechnet werden[109]. Dies wird im Regelfall anzunehmen sein, wenn ein anderer Verkehrsteilnehmer entgegen § 38 Abs. 1 StVO nicht freie Bahn schafft, sondern vor dem Einsatzfahrzeug ohne vernünftigen Grund scharf abbremst.

3.4.4 § 5 Überholen

Überholen gehört mit zu den gefährlichsten Verkehrsvorgängen im Straßenverkehr, wird aber bei nahezu jeder eiligen Einsatzfahrt erforderlich. Auch mit Sonderrechten darf nicht verkehrsgefährdend oder »ins Blaue hinein« überholt werden. Folgende Abweichungen von den Regeln des § 5 StVO sind denkbar, wenn höchste Sorgfalt angewandt wird, um eine konkrete Gefährdung zu vermeiden:

- Überholen im durch Zeichen 276, 277 angeordneten Überholverbot

---

108 BGH NJW 1987,1075
109 BGHN NJW 1987, 1075; OLG Köln NJW-RR 1999, 175

3.4 Befreiung von bestimmten Vorschriften

- Überholen trotz Behinderung des Gegenverkehrs
- Überholen trotz nicht wesentlich höherer Geschwindigkeit als der zu Überholende
- Rechts überholen.

3.4.5 § 6 Vorbeifahren

Beim Vorbeifahren an Hindernissen und beim Passieren von Engstellen muss das Fahrzeug mit Sonderrechten nicht dem Gegenverkehr den Vorrang lassen, soweit dies ohne konkrete Gefährdung möglich ist.

3.4.6 Vorfahrt / Lichtzeichenanlagen

3.4.6.1 Allgemeine Vorfahrtsregel und Vorfahrtsregelung durch Schilder

Mit Sonderrechten kann von allen Vorfahrtsregeln unter gebührender Berücksichtigung der Verkehrssicherheit abgewichen werden. Dies gilt für die Vorfahrt

- rechts vor links an Kreuzungen und Einmündungen
- bei den Zeichen 205, 206 für die Fahrbahn des Sonderrechtsfahrzeuges
- bei der Ausfahrt aus Feld- und Waldwegen mit dem Sonderrechtsfahrzeug.

An Kreuzungen und bei durch Zeichen 205 geregelter Vorfahrt kann in die Straße eingefahren werden, sobald erkennbar ist,

3 Die Fahrt mit Sonder- und Vorrangrechten

dass kein bevorrechtigter Verkehr vorhanden ist oder dieser aber eindeutig aufgrund der Sonderrechtsfahrt auf seinen Vorrang verzichtet. Blaues Blinklicht und Einsatzhorn sind auch hier zur Ausübung des Sonderrechts nicht erforderlich. Allerdings besteht die Verpflichtung der übrigen Verkehrsteilnehmer dann nicht, den Vorrang zu gewähren. Ist daher mit anderen vorrangberechtigten Verkehrsteilnehmern zu rechnen und haben diese nicht eindeutig auf ihr Vorrangrecht verzichtet, muss entweder Vorfahrt gewährt oder rechtzeitig[110] blaues Blinklicht und Einsatzhorn eingeschaltet werden. Gleiches gilt auch, wenn die Vorfahrt aufgrund eines STOP-Schildes (Zeichen 206) zu gewähren ist. Das Schild darf mit Sonderrechten, ohne anzuhalten, überfahren werden und in die bevorrechtigte Straße kann unter den vorgenannten Bedingungen eingefahren werden. Allerdings wird man hinsichtlich der erforderlichen Aufmerksamkeit und Sorgfalt noch höhere Anforderungen stellen, da ein STOP-Schild die Vorfahrt nur an besonders kritischen bzw. gefährlichen Kreuzungen bzw. Einmündungen regelt. Die Sorgfaltspflichten sind daher ohne weiteres nahe mit denen bei einer Lichtzeichenanlage (s. o.) vergleichbar.

---

110 siehe dazu unten die umfangreiche Rechtsprechung beim Überfahren von »roten« Lichtzeichenanlagen

3.4 Befreiung von bestimmten Vorschriften

3.4.6.2 Kreisverkehr

Mit Sonderrechten kann auch von den Vorschriften des § 8 Abs. 1 a StVO beim Ein- und Ausfahren in Kreisverkehre abgewichen werden. Besitzt der Kreisverkehr keine Kennzeichnung durch das Zeichen 205 (Vorfahrt gewähren) über dem Zeichen 215 (Kreisverkehr) gilt das für die Regel rechts vor links (s. o.) Gesagte. Hat der Kreisverkehr Vorfahrt (wie im Regelfall angeordnet), kann mit Sonderrechten in ihn hineingefahren werden, ohne dem bevorrechtigten Verkehr im Kreisverkehr den Vorrang zu lassen. Soweit dieser jedoch nicht absolut eindeutig durch Anhalten signalisiert, dass er dem Sonderrechtsfahrzeug den Vorrang gewährt, müssen sowohl blaues Blinklicht als auch das Einsatzhorn eingeschaltet werden, da der andere Verkehr nur dann den Vorrang gewähren muss. Von sehr ungewöhnlichen Ausnahmesituationen abgesehen, wird dringend davon abgeraten, links herum in den Kreisverkehr einzufahren.

3.4.6.3 Zeichen von Polizeibeamten

Auch mit Sonderrechten können Zeichen von Polizeibeamten nicht ohne weiteres ignoriert werden. Ist die Inanspruchnahme von Sonderrechten durch die eingeschaltete Sondersignalanlage für den Polizeibeamten erkennbar, wird dieser seine Zeichen grundsätzlich so anpassen, dass die Sonderrechtsfahrt störungsfrei ermöglicht wird.

3.4.6.4 Vorfahrtsregelung durch Lichtzeichenanlagen

Mit die höchsten Anforderungen werden an den Fahrer eines Einsatzfahrzeuges beim Überfahren von Lichtzeichenanlagen gestellt, die gelbes oder rotes Licht anzeigen. Denn der Querverkehr verlässt sich hier bei Grün auf sein Vorfahrtsrecht und muss auch nicht damit rechnen, dass jemand vermeintlich rechtswidrig bei Rot in die Kreuzung einfährt. Denn wer sich bei Grün einer Lichtzeichenanlage nähert, muss seine Fahrgeschwindigkeit nicht deshalb herabsetzen, weil möglicherweise bald Gelb und dann Rot erscheint. Vielmehr darf er mit der zulässigen Höchstgeschwindigkeit, innerorts in der Regel 50 km/h, über die Kreuzung fahren, soweit er diese nicht aufgrund eines Abbiegevorgangs oder einer erkennbaren Verkehrsbeeinträchtigung herabsetzen muss. Wer bei Grün in eine Kreuzung einfährt, darf darauf vertrauen, dass der Querverkehr gesperrt ist und dass sich die anderen Fahrzeugführer hieran halten. Es muss insbesondere auch nicht damit gerechnet werden, dass ein Fahrzeug mit Sonderrechten trotz Grün auftaucht. Daher bestehen nochmals gesteigerte Sorgfaltspflichten für den Fahrer eines Sonderrechtsfahrzeugs, wenn dieser eine Lichtzeichenanlage bei Rot oder auch Gelb überfährt. Bei Grün gelten für ihn hingegen lediglich die allgemeinen Anforderungen. Es ist z. B. auf Nachzügler zu achten. Bei Grün darf mit, aber eben auch ohne Sonderrechten gefahren werden, so dass auch bei einer Sonderrechtsfahrt insoweit keine Besonderheiten bestehen. Dies gilt insbesondere auch bei Ampelvorrangschaltungen bei Feuerwachen. Ist die Ampel für die ausfahrende Feuerwehr Grün und den Seitenverkehr Rot,

3.4 Befreiung von bestimmten Vorschriften

braucht bei der Ausfahrt nicht die Sondersignalanlage und insbesondere auch nicht das Einsatzhorn betätigt werden.

Auch wenn bei Lichtzeichenanlagen Sonderrechte in Anspruch genommen werden, also von den Vorschriften des § 37 StVO abgewichen werden soll, hat dieses unmittelbar nichts mit dem Einschalten der Sondersignale nach § 38 StVO zu tun. Grundsätzlich kann also sogar eine Lichtzeichenanlage bei Rot mit Sonderrechten überfahren werden, ohne dass Einsatzhorn und ggf. auch ohne dass blaues Blinklicht eingeschaltet sind. Dies wird jedoch nur dann der Fall sein, wenn eindeutig jedwede Gefährdung anderer auszuschließen ist, z. B. wenn zur Nachtzeit der Kreuzungsbereich eindeutig übersehbar und auszuschließen ist, dass sich ein bevorrechtigtes Fahrzeug nähert. Der Verzicht auf das blaue Blinklicht, mit dem andere Verkehrsteilnehmer gewarnt werden, dass sich das Fahrzeug auf einer Einsatzfahrt befindet, wird in solchen Fällen bei Feuerwehr und Rettungsdienst im Regelfall nicht in Betracht kommen. Anders kann es bei bestimmten Einsätzen der Polizei aus einsatztaktischen Gründen sein.

Beim Überfahren von Lichtzeichenanlagen, die Rot zeigen, gilt:
- der Fahrer des Einsatzfahrzeugs, der bei Rot eine Kreuzung überqueren will, muss sich vorsichtig in diese vortasten[111],
- er muss sich auch beim Vortasten davon überzeugen, dass sämtliche Teilnehmer des Querverkehrs die Sondersignale wahrgenommen haben,

---

111 KG Berlin NZV 2004, 86

- er muss sich ferner darüber vergewissern, dass die Teilnehmer des Querverkehrs seine beabsichtigte Fahrweise und Strecke erkannt und sich darauf eingestellt haben,
- im Einzelfall muss der Fahrer des Einsatzfahrzeugs sein Fahrzeug fast zum Stillstand abbremsen, um auf diese Weise eine hinreichende Übersicht über die Verkehrslage zu bekommen[112], zumindest wird Schrittgeschwindigkeit gefordert[113]
- bei unübersichtlichen Kreuzungen ist es immer geboten, nur mit Schrittgeschwindigkeit zu fahren[114],
- »auf gut Glück« darf nie bei Rot in eine Kreuzung eingefahren werden,
- wenn Querverkehr vorhanden oder nicht auszuschließen ist, muss der Fahrer sowohl blaues Blinklicht als auch gleichzeitig das Einsatzhorn einschalten, da nur dann die Verpflichtung besteht, dass ihm von den anderen Verkehrsteilnehmern freie Fahrt gewährt wird.

Die Verpflichtung, dem Einsatzfahrzeug freie Bahn zu verschaffen, besteht nur, wenn beide Sondersignale, also blaues Blinklicht und Einsatzhorn gleichzeitig eingeschaltet sind[115].

---

112 KG Berlin NZV 2004, 86,
113 KG Berlin VM 1982,37; OLG Köln Urteil vom 04.05.1983 - 13 U 166/82
114 OLG Hamm NJW-RR 1996, 599; Burmann/Heß/Hühnermann/Jahnke § 35 Rdnr. 14
115 S.u.

3.4 Befreiung von bestimmten Vorschriften

Das Vorrangrecht des Einsatzfahrzeuges wird durch die Betätigung beider Signale, nämlich des Einsatzhorns und des Blaulichts ausgelöst, und das Gebot nach § 38 Abs. 2 StVO, freie Bahn zu schaffen bzw. auf das eigene Vorrangrecht zu verzichten, ist von den anderen Verkehrsteilnehmern unbedingt und ohne Prüfung der tatsächlichen Berechtigung zu befolgen[116].

Die Pflicht, den Vorrang zu gewähren und »freie Bahn zu schaffen«, trifft die anderen Verkehrsteilnehmer also erst, nachdem sie das Blaulicht und das Martinshorn wahrgenommen haben oder bei der im Verkehr gebotenen Aufmerksamkeit hätten wahrnehmen können[117]. Der Führer eines Fahrzeuges, das beide Sondersignale eingeschaltet hat, darf davon ausgehen, dass die Fahrer anderer Fahrzeuge in der Nähe (ca. 50 m) diese Signale auch wahrnehmen[118]. Allerdings muss den übrigen Verkehrsteilnehmern eine, zwar kurz zu bemessende, aber doch hinreichende Zeit zur Verfügung stehen, um auf die Sondersignale reagieren zu können. Denn der Fahrer des Einsatzfahrzeugs kann nicht damit rechnen, dass die anderen Fahrer ihre Fahrzeuge, wenn sie die Signale bemerken, von einem Augenblick zum anderen zum Stehen bringen oder die sonst nach der jeweiligen Verkehrslage gebotenen Maßnahmen schlagartig treffen. Dabei gilt: Je mehr der Fahrer des Einsatzfahrzeuges von den Verkehrsregeln abweicht, umso mehr muss er Warnzeichen (ggf. also

---

116 KG Berlin MDR 1997, 1121
117 BGH, VersR 1975, 380
118 BGH, NJW 1959, 339

auch zusätzliches hupen und/oder Nutzung der Lichthupe) geben und sich vergewissern, dass der übrige Verkehr diese erkennt und sie befolgt[119]. Hat der Fahrer allerdings die vorgenannten Regeln beachtet, darf er darauf vertrauen, dass ihm von den anderen Verkehrsteilnehmern freie Fahrt gewährt wird[120].

3.4.7 Straßennutzung

3.4.7.1 Nutzung verschiedener Fahrstreifen

Der Fahrer eines Sonderrechtsfahrzeuges kann, wenn es erforderlich ist, auch entgegen den Vorschriften des § 7 StVO die eigentlich nicht für ihn vorgesehene Fahrstreifen nutzen. Dies kann insbesondere bei stockendem Verkehr zum schnelleren Vorankommen sinnvoll sein. Werden blaues Blinklicht und Einsatzhorn zusammen eingeschaltet, sind dann andere Verkehrsteilnehmer verpflichtet, durch Räumen des vom Sonderrechtsfahrzeug beanspruchten Fahrstreifens sofort freie Bahn zu schaffen. Im Grundsatz gilt jedoch, dass möglichst links zu überholen ist und der zu Überholende und der entgegenkommende Verkehr jeweils nach rechts ausweichen. Handelt es sich um Autobahnen oder Außerortsstraßen mit mindestens zwei Fahrstreifen, so ist nach § 11 Abs. 2 StVO bei

---

119 KG Berlin, NZV 2008, 150; NZV 2004, 86; OLG Düsseldorf, NZV 1992, 489
120 BGH VRS 40, 241; LG Oldenburg ZfS 2000, 333

3.4 Befreiung von bestimmten Vorschriften

stockendem Verkehr oder nur Schrittgeschwindigkeit von allen Verkehrsteilnehmern bereits vorsorglich eine Rettungsgasse zu bilden, auch wenn sich kein Sonderrechtsfahrzeug nähert.

Grundsätzlich sollte der Fahrer eines Fahrzeugs mit Sonderrechten die Rettungsgasse benutzen und bei noch nicht vorhandener Rettungsgasse durch Einschalten der Sondersignalanlage versuchen, die anderen Verkehrsteilnehmer dazu zu veranlassen, eine Rettungsgasse zu bilden. Eine Sonderrechtsfahrt auf dem Standstreifen hingegen ist möglichst zu vermeiden, da diese zusätzlichen Gefahren birgt. Sollte dies jedoch die einzige Möglichkeit sein, in der gebotenen Zeit die Einsatzstelle zu erreichen, so rechtfertigt § 35 StVO natürlich auch die Benutzung des Standstreifens unter großer Vorsicht.

3.4.8 Verkehrszeichen

Mit Sonderrechten nach § 35 Abs. 1, Abs. 5a StVO können bei einer Sonderrechtsfahrt von den durch Verkehrszeichen ausgesprochenen Regeln abgewichen werden, soweit hierbei die Sorgfaltspflichten und insbesondere § 35 Abs. 8 StVO beachtet wird. Bei Gefahrzeichen hat der Fahrer seine Fahrweise immer so anzupassen, dass trotz der Inanspruchnahme der Sonderrechte Unfälle vermieden werden. Bei folgenden Zeichen ist eine Erläuterung angezeigt:

3 Die Fahrt mit Sonder- und Vorrangrechten

Tabelle 1: *Auswahl Allgemeine und Besondere Verkehrszeichen*

Zeichen und Zusatzzeichen	Ge- oder Verbote/Erläuterungen
Zeichen 206  Halt. Vorfahrt gewähren.	Wer ein Fahrzeug führt, muss anhalten und Vorfahrt gewähren. Wer ein Fahrzeug führt, darf bis zu 10 m vor diesem Zeichen nicht halten, wenn es dadurch verdeckt wird. Ist keine Haltlinie (Zeichen 294) vorhanden, ist dort anzuhalten, wo die andere Straße zu übersehen ist. Neben der Vorfahrtsgewährung besteht zusätzlich aus Sicherheitsgründen die Verpflichtung zum Halten unabhängig davon, ob sich ein anderes Fahrzeug nähert. Mit Sonderrechten kann auch hiervon abgewichen werden. Jedoch ist gegenüber dem Zeichen 205 eine weiter gesteigerte Sorgfalt gegeben. Im Übrigen gelten die Erläuterungen zu 2.2.2.5 Vorfahrt
Zeichen 208  Vorrang des Gegenverkehrs	Wer ein Fahrzeug führt, hat dem Gegenverkehr Vorrang zu gewähren. Mit Sonderrechten kann abgewichen werden. Es gelten die Erläuterungen zu 2.2.2.5 Vorfahrt entsprechend.

3.4 Befreiung von bestimmten Vorschriften

Tabelle 1: *Auswahl Allgemeine und Besondere Verkehrszeichen – Fortsetzung*

Zeichen und Zusatzzeichen	Ge- oder Verbote/Erläuterungen
Zeichen 209 bis 212	Wer ein Fahrzeug führt, muss der vorgeschriebenen Fahrtrichtung folgen.
Zeichen 209 ⮕ Rechts	Mit Sonderrechten kann von der Fahrtrichtung abgewichen werden. Soweit dadurch der Vorrang anderer Verkehrsteilnehmer zurücktreten muss, müssen für das Vorrangrecht des Einsatzfahrzeuges blaues Blinklicht und Einsatzhorn zusammen eingeschaltet sein.
Zeichen 220 — Einbahnstraße	Wer ein Fahrzeug führt, darf die Einbahnstraße nur in Richtung des Pfeiles befahren. Das Zeichen schreibt für den Fahrzeugverkehr auf der Fahrbahn die Fahrtrichtung vor. Weitere Erläuterung bei Sonderrechten s. Zeichen 267
	Ist Zeichen 220 mit diesem Zusatzzeichen angeordnet, bedeutet dies: Wer ein Fahrzeug führt, muss beim Einbiegen und im Verlauf einer Einbahnstraße auf Radverkehr entgegen der Fahrtrichtung achten.

3 Die Fahrt mit Sonder- und Vorrangrechten

Tabelle 1: *Auswahl Allgemeine und Besondere Verkehrszeichen – Fortsetzung*

Zeichen und Zusatzzeichen	Ge- oder Verbote/Erläuterungen
Zeichen 237  Radweg	Der Radverkehr darf nicht die Fahrbahn, sondern muss den Radweg benutzen (Radwegbenutzungspflicht). Anderer Verkehr darf ihn nicht benutzen. Ist durch Zusatzzeichen die Benutzung eines Radwegs für eine andere Verkehrsart erlaubt, muss diese auf den Radverkehr Rücksicht nehmen und der andere Fahrzeugverkehr muss erforderlichenfalls die Geschwindigkeit an den Radverkehr anpassen. Auch mit Sonderrechten sollten Radwege, die häufig auch von der Tragfähigkeit für schwere Fahrzeuge ungeeignet sind, nicht befahren werden. Eine Ausnahme ist dann denkbar, wenn der Einsatz direkt auf dem Radweg geschehen ist oder die Einsatzstelle nicht anders erreicht werden kann. Bei der Inanspruchnahme der Sonderrechte ist dann jedoch höchste Vorsicht geboten.
Zeichen 238  Reitweg	Wer reitet, darf nicht die Fahrbahn, sondern muss den Reitweg benutzen. Dies gilt auch für das Führen von Pferden (Reitwegbenutzungspflicht). Anderer Verkehr darf ihn nicht benutzen. Ist durch Zusatzzeichen die Benutzung eines

3.4 Befreiung von bestimmten Vorschriften

Tabelle 1: *Auswahl Allgemeine und Besondere Verkehrszeichen – Fortsetzung*

Zeichen und Zusatzzeichen	Ge- oder Verbote/Erläuterungen
	Reitwegs für eine andere Verkehrsart erlaubt, muss diese auf den Reitverkehr Rücksicht nehmen und der Fahrzeugverkehr muss erforderlichenfalls die Geschwindigkeit an den Reitverkehr anpassen. Es gelten die Erläuterungen zu Zeichen 237. Hinweis: Vorsicht bei der Nutzung des Einsatzhornes. Pferde neigen dazu, beim Ertönen eines Einsatzhorns durchzugehen. Unmittelbar in der Nähe von Pferden das Einsatzhorn einzuschalten, um sich Vorrang gegenüber dem Reiter zu verschaffen, kann im Einzelfall sorgfaltswidrig sein und Schadensersatzforderungen nach sich ziehen.
Zeichen 239 Gehweg	Anderer als Fußgängerverkehr darf den Gehweg nicht nutzen. Ist durch Zusatzzeichen die Benutzung eines Gehwegs für eine andere Verkehrsart erlaubt, muss diese auf den Fußgängerverkehr Rücksicht nehmen. Der Fußgängerverkehr darf weder gefährdet noch behindert werden. Wenn nötig, muss der Fahrverkehr warten; er darf nur mit Schrittge-

3 Die Fahrt mit Sonder- und Vorrangrechten

Tabelle 1: *Auswahl Allgemeine und Besondere Verkehrszeichen – Fortsetzung*

Zeichen und Zusatzzeichen	Ge- oder Verbote/Erläuterungen
	schwindigkeit fahren. Es gelten die Erläuterungen zu Zeichen 237.
Zeichen 250 Verbot für Fahrzeuge aller Art	Verbot für Fahrzeuge aller Art. Das Zeichen gilt nicht für Handfahrzeuge, abweichend von § 28 Absatz 2 auch nicht für Reiter, Führer von Pferden sowie Treiber und Führer von Vieh. Krafträder und Fahrräder dürfen geschoben werden. Mit Sonderrechten kann – soweit dies straßentechnisch möglich ist – ohne weiteres von dem Verbot abgewichen werden (z. B. das Befahren eines Waldweges). Es ist jedoch erhöhte Vorsicht geboten, da andere Verkehrsteilnehmer (z. B. Fußgänger) nicht mit einem Befahren rechnen müssen.
Zeichen 251 Verbot für Kraftwagen	Verbot für Kraftwagen und sonstige mehrspurige Kraftfahrzeuge. Hinsichtlich der Nutzung von Sonderrechten gelten die Erläuterungen zu Zeichen 250

3.4 Befreiung von bestimmten Vorschriften

Tabelle 1: *Auswahl Allgemeine und Besondere Verkehrszeichen – Fortsetzung*

Zeichen und Zusatzzeichen	Ge- oder Verbote/Erläuterungen
Zeichen 253 Verbot für Kraftfahrzeuge über 3,5 t	Verbot für Kraftfahrzeuge mit einer zulässigen Gesamtmasse über 3,5 t, einschließlich ihrer Anhänger, und für Zugmaschinen. Ausgenommen sind Personenkraftwagen und Kraftomnibusse. Hinsichtlich der Nutzung von Sonderrechten gelten die Erläuterungen zu Zeichen 250, wobei allerdings besonders darauf zu achten ist, ob eine technisch mögliche Befahrbarkeit (Breite, Höhe, Belastbarkeit) vorhanden ist.
Zeichen 261 Verbot für kennzeichnungspflichtige Kraftfahrzeuge mit gefährlichen Gütern	Verbot für kennzeichnungspflichtige Kraftfahrzeuge mit gefährlichen Gütern. Im Regelfall wird bei einem Feuerwehreinsatz – soweit hier ein Transport erforderlich ist – problemlos gem. § 35 StVO von diesem Verbot abgewichen werden können.

3 Die Fahrt mit Sonder- und Vorrangrechten

Tabelle 1: *Auswahl Allgemeine und Besondere Verkehrszeichen – Fortsetzung*

Zeichen und Zusatzzeichen	Ge- oder Verbote/Erläuterungen
Zeichen 262 bis 266	Die nachfolgenden Zeichen verbieten die Verkehrsteilnahme für Fahrzeuge, deren Maße oder Massen, einschließlich Ladung, eine auf dem jeweiligen Zeichen angegebene *tatsächliche* Grenze überschreiten. Diese maximale Grenze bezieht sich nicht auf die technische Gesamtbelastungsfähigkeit der Brücke, die wesentlich höher ist, sondern auf die *tatsächliche* Last eines einzelnen Fahrzeugs. Hiermit soll damit insgesamt eine Überlastung und eine Beschädigung des Bauwerks vermieden werden.
Zeichen 262 5,5 t Tatsächliche Masse	Mit Sonderrechten nach § 35 StVO kann grundsätzlich auch von der für das Straßen- oder Brückenbauwerk zulässigen maximalen Grenze abgewichen werden. Eine Beschädigung oder ein Einsturz ist aufgrund der erheblichen Sicherheitszuschläge nicht zu erwarten. Eine ausnahmsweise im Einsatz erforderliche Überschreitung selbst bei einer Brücke um 100 % und mehr ist daher bei einer sorgfältigen vorherigen Einschätzung und Abwägung der Verhältnismäßig-

3.4 Befreiung von bestimmten Vorschriften

Tabelle 1: *Auswahl Allgemeine und Besondere Verkehrszeichen – Fortsetzung*

Zeichen und Zusatzzeichen	Ge- oder Verbote/Erläuterungen
	keit ohne weiteres möglich. Vorsicht ist bei sehr kleinen Brückenbauwerken mit einer sehr niedrigen maximalen Grenze angezeigt. Es liegt auf der Hand, dass eine kleine Brücke mit der Angabe 2,6 t nicht mit einem WLF 26 befahren werden darf, da dann akute Einsturzgefahr besteht.
Zeichen 263 Tatsächliche Achslast	Es gelten die Erläuterungen zu Zeichen 262
Zeichen 264 Tatsächliche Breite	Die tatsächliche Breite gibt das Maß einschließlich der Fahrzeugaußenspiegel an. Sonderrechte rechtfertigen auch hier ein Weiterfahren. Es ist jedoch nur dann sinnvoll, wenn sicher ist, dass so viel Spielraum besteht, dass das Sonderrechtsfahrzeug auch tatsächlich passieren kann.

3 Die Fahrt mit Sonder- und Vorrangrechten

Tabelle 1: *Auswahl Allgemeine und Besondere Verkehrszeichen – Fortsetzung*

Zeichen und Zusatzzeichen	Ge- oder Verbote/Erläuterungen
Zeichen 265 3,8m Tatsächliche Höhe	Es gelten die Erläuterungen zu Zeichen 264
Zeichen 267 Verbot der Einfahrt	Wer ein Fahrzeug führt, darf nicht in die Fahrbahn einfahren, für die das Zeichen angeordnet ist. Das Zeichen steht auf der rechten Seite der Fahrbahn, für die es gilt, oder auf beiden Seiten dieser Fahrbahn. Durch Zeichen 220 (Einbahnstraße) wird angeordnet, dass die Straße nur in Richtung des Pfeiles befahren werden darf. Kombiniert ist dieses grundsätzlich mit Zeichen 267 (Verbot der Einfahrt), welches die Einfahrt in eine solche Straße verbietet. Mit Sonderrechten kann selbstverständlich auch von diesen Vorschriften abgewichen werden. Ein Befahren entgegen der in der Einbahnstraße vorgeschriebenen Fahrtrichtung ist allerdings nur im Ausnahmefall auch sinnvoll. Zwar können häufig Wege abgekürzt werden, es ist aber gerade bei engen Einbahnstraßen im innerstädtischen

3.4 Befreiung von bestimmten Vorschriften

Tabelle 1: *Auswahl Allgemeine und Besondere Verkehrszeichen – Fortsetzung*

Zeichen und Zusatzzeichen	Ge- oder Verbote/Erläuterungen
	Bereich damit zu rechnen, dass bei Auftauchen bevorrechtigten Gegenverkehres es diesem oft tatsächlich unmöglich sein wird, freie Bahn zu schaffen. Es ist daher jeweils eine auf den Einzelfall abgestimmte Betrachtung im Hinblick auf mögliche Gefahren und dem Nutzen für das Vorankommen des Sonderrechtsfahrzeugs anzustellen.
Zeichen 268 Schneeketten vorgeschrieben	Wer ein Fahrzeug führt, darf die Straße nur mit Schneeketten befahren. Mit Sonderrechten kann von der Schneekettenpflicht abgewichen werden, wenn sich der Fahrer des Sonderrechtsfahrzeugs aufgrund der Ortskenntnis und der aktuellen Straßenlage und der Art seines Fahrzeuges sicher ist, die Straße auch ohne Schneeketten sicher befahren zu können.
Zeichen 269 Verbot für Fahrzeuge mit wassergefährdender Ladung	Wer ein Fahrzeug führt, darf die Straße mit mehr als 20 l wassergefährdender Ladung nicht benutzen. Mit Sonderrechten kann von dem Verbot ohne weiteres abgewichen werden.

3 Die Fahrt mit Sonder- und Vorrangrechten

Tabelle 1: *Auswahl Allgemeine und Besondere Verkehrszeichen – Fortsetzung*

Zeichen und Zusatzzeichen	Ge- oder Verbote/Erläuterungen
Zeichen 270.1  Beginn einer Verkehrsverbotszone zur Verminderung schädlicher Luftverunreinigungen in einer Zone	Mit Fahrzeugen, mit denen Sonderrechte in Anspruch genommen werden können, kann ohne weiteres von dem Verbot abgewichen werden (vgl. oben 2.2.2.12 Umweltschutz, Sonn- und Feiertagsfahrverbot)
 Freistellung vom Verkehrsverbot nach § 40 Absatz 1 des Bundes-Immissionsschutzgesetzes	Das Zusatzzeichen zum Zeichen 270.1 nimmt Kraftfahrzeuge vom Verkehrsverbot aus, die mit einer auf dem Zusatzzeichen in der jeweiligen Farbe angezeigten Plakette nach § 3 der Verordnung zur Kennzeichnung der Kraftfahrzeuge mit geringem Beitrag zur Schadstoffbelastung ausgestattet sind. Mit Fahrzeugen, mit denen Sonderrechte in Anspruch genommen werden können, darf von dem Verkehrsverbot abgewichen werden.

3.4 Befreiung von bestimmten Vorschriften

Tabelle 1: *Auswahl Allgemeine und Besondere Verkehrszeichen – Fortsetzung*

Zeichen und Zusatzzeichen	Ge- oder Verbote/Erläuterungen
Zeichen 273 Verbot des Unterschreitens des angegebenen Mindestabstandes	Wer ein Kraftfahrzeug mit einer zulässigen Gesamtmasse über 3,5 t oder einer Zugmaschine führt, darf den angegebenen Mindestabstand zu einem vorausfahrenden Kraftfahrzeug gleicher Art nicht unterschreiten. Personenkraftwagen und Kraftomnibusse sind ausgenommen. Mit Sonderrechten kann von der Vorschrift abgewichen werden. Das gilt insbesondere auch dann, wenn im geschlossenen Verband gefahren wird.
Zeichen 274 Zulässige Höchstgeschwindigkeit	Wer ein Fahrzeug führt, darf nicht schneller als mit der jeweils angegebenen Höchstgeschwindigkeit fahren. Sind durch das Zeichen innerhalb geschlossener Ortschaften bestimmte Geschwindigkeiten über 50 km/h zugelassen, gilt das für Fahrzeuge aller Art. Außerhalb geschlossener Ortschaften bleiben die für bestimmte Fahrzeugarten geltenden Höchstgeschwindigkeiten (§ 3 Absatz 3 Nummer 2 Buchstabe a und b und § 18 Absatz 5) unberührt, wenn

3 Die Fahrt mit Sonder- und Vorrangrechten

Tabelle 1: *Auswahl Allgemeine und Besondere Verkehrszeichen – Fortsetzung*

Zeichen und Zusatzzeichen	Ge- oder Verbote/Erläuterungen
	durch das Zeichen eine höhere Geschwindigkeit zugelassen ist. Mit Sonderrechten kann von der vorgeschriebenen Höchstgeschwindigkeit abgewichen werden. Wegen der Einzelheiten vgl. oben 2.2.2.1 Geschwindigkeit.
Zeichen 276 Überholverbot für Kraftfahrzeuge aller Art	Mit Sonderrechten kann vom Überholverbot unter Berücksichtigung der besonderen Gefahren, die beim Überholen bestehen (vgl. oben 2.2.2.3 Überholen), abgewichen werden.
Zeichen 277 Überholverbot für Kraftfahrzeuge über 3,5 t	Überholverbot für Kraftfahrzeuge mit einer zulässigen Gesamtmasse über 3,5 t, einschließlich ihrer Anhänger, und für Zugmaschinen. Ausgenommen sind Personenkraftwagen und Kraftomnibusse. Es gelten die Erläuterungen zu Zeichen 276
Zeichen 283 und 286	Die durch die nachfolgenden Zeichen 283 und 286 angeordneten Haltverbote gelten nur auf der

3.4 Befreiung von bestimmten Vorschriften

Tabelle 1: *Auswahl Allgemeine und Besondere Verkehrszeichen – Fortsetzung*

Zeichen und Zusatzzeichen	Ge- oder Verbote/Erläuterungen
	Straßenseite, auf der die Zeichen angebracht sind. Sie gelten bis zur nächsten Kreuzung oder Einmündung auf der gleichen Straßenseite oder bis durch Verkehrszeichen für den ruhenden Verkehr eine andere Regelung vorgegeben wird. Mobile, vorübergehend angeordnete Haltverbote durch Zeichen 283 und 286 heben Verkehrszeichen auf, die das Parken erlauben. Der Anfang der Verbotsstrecke kann durch einen zur Fahrbahn weisenden waagerechten weißen Pfeil im Zeichen, das Ende durch einen solchen von der Fahrbahn wegweisenden Pfeil gekennzeichnet sein. Bei in der Verbotsstrecke wiederholten Zeichen weist eine Pfeilspitze zur Fahrbahn, die zweite Pfeilspitze von ihr weg.
Zeichen 283 Absolutes Haltverbot	Das Halten auf der Fahrbahn ist verboten. Ein Abweichen von dem Verbot ist mit Sonderrechten möglich und häufig an Einsatzstellen erforderlich. Wichtig ist

3 Die Fahrt mit Sonder- und Vorrangrechten

Tabelle 1: *Auswahl Allgemeine und Besondere Verkehrszeichen – Fortsetzung*

Zeichen und Zusatzzeichen	Ge- oder Verbote/Erläuterungen
	dann eine richtige Absicherung[121] der Einsatzstelle, um überflüssige Verkehrsgefahren zu vermeiden.
Zeichen 293 Fußgängerüberweg	Wer ein Fahrzeug führt, darf auf Fußgängerüberwegen sowie bis zu 5 m davor nicht halten. Das Wesentliche regelt jedoch § 26 StVO. Insoweit wird auf die Erläuterung 2.2.2.10 Fußgängerüberwege verwiesen.
Zeichen 294 Haltlinie	Ergänzend zu Halt- oder Wartegeboten, die durch Zeichen 206, durch Polizeibeamte, Lichtzeichen oder Schranken gegeben werden, ordnet sie an: Wer ein Fahrzeug führt, muss hier anhalten. Erforderlichenfalls ist an der Stelle, wo die Straße eingesehen werden kann, in die eingefahren werden soll (Sichtlinie), erneut anzuhalten. Mit Sonderrechten kann abgewichen werden. Im Übrigen gelten die Erläuterungen zu 2.2.2.5 Vorfahrt.

---

121 Vgl. dazu allgemein: Wackerhahn/Schubert, Absicherung von Einsatzstellen, Rotes Heft 205.

3.4 Befreiung von bestimmten Vorschriften

Tabelle 1: *Auswahl Allgemeine und Besondere Verkehrszeichen – Fortsetzung*

Zeichen und Zusatzzeichen	Ge- oder Verbote/Erläuterungen
Zeichen 295  Fahrstreifenbegrenzung und Fahrbahnbegrenzung	Wer ein Fahrzeug führt, darf die durchgehende Linie auch nicht teilweise überfahren. Trennt die durchgehende Linie den Fahrbahnteil für den Gegenverkehr ab, ist rechts von ihr zu fahren. Grenzt sie einen befestigten Seitenstreifen ab, müssen außerorts landwirtschaftliche Zug- und Arbeitsmaschinen, Fuhrwerke und ähnlich langsame Fahrzeuge möglichst rechts von ihr fahren. Wer ein Fahrzeug führt, darf auf der Fahrbahn nicht parken, wenn zwischen dem abgestellten Fahrzeug und der Fahrstreifenbegrenzungslinie kein Fahrstreifen von mindestens 3 m mehr verbleibt. Wer ein Fahrzeug führt, darf links von der durchgehenden Fahrbahnbegrenzungslinie nicht halten, wenn rechts ein Seitenstreifen oder Sonderweg vorhanden ist. Wer ein Fahrzeug führt, darf die Fahrbahnbegrenzung der Mittelinsel des Kreisverkehrs nicht überfahren. Ausgenommen von dem Verbot zum Überfahren der Fahrbahnbegrenzung der Mittelinsel des Kreisverkehrs sind nur Fahr-

3 Die Fahrt mit Sonder- und Vorrangrechten

Tabelle 1: *Auswahl Allgemeine und Besondere Verkehrszeichen – Fortsetzung*

Zeichen und Zusatzzeichen	Ge- oder Verbote/Erläuterungen
	zeuge, denen wegen ihrer Abmessungen das Befahren sonst nicht möglich wäre. Mit ihnen darf die Mittelinsel überfahren werden, wenn eine Gefährdung anderer am Verkehr Teilnehmenden ausgeschlossen ist. Wird durch Zeichen 223.1 das Befahren eines Seitenstreifens angeordnet, darf die Fahrbahnbegrenzung wie eine Leitlinie zur Markierung von Fahrstreifen einer durchgehenden Fahrbahn (Zeichen 340) überfahren werden. Grenzt sie einen Sonderweg ab, darf sie nur überfahren werden, wenn dahinter anders nicht erreichbare Parkstände angelegt sind und das Benutzen von Sonderwegen weder gefährdet noch behindert wird. Die Fahrbahnbegrenzungslinie darf überfahren werden, wenn sich dahinter eine nicht anders erreichbare Grundstückszufahrt befindet. Mit Sonderrechten darf unter der Beachtung der Sorgfaltspflichten abgewichen werden.

Tabelle 1: Auswahl Allgemeine und Besondere Verkehrszeichen – Fortsetzung

Zeichen und Zusatzzeichen	Ge- oder Verbote/Erläuterungen
Zeichen 296  Fahrstreifen B Fahrstreifen A Einseitige Fahrstreifenbegrenzung	Wer ein Fahrzeug führt, darf die durchgehende Linie nicht überfahren oder auf ihr fahren. Wer ein Fahrzeug führt, darf nicht auf der Fahrbahn parken, wenn zwischen dem parkenden Fahrzeug und der durchgehenden Fahrstreifenbegrenzungslinie kein Fahrstreifen von mindestens 3 m mehr verbleibt. Fahrzeuge auf dem Fahrstreifen B dürfen die Markierung überfahren, wenn der Verkehr dadurch nicht gefährdet wird. Mit Sonderrechten darf unter der Beachtung der Sorgfaltspflichten abgewichen werden.

3.5 Fahrten mit blauem Blinklicht und Einsatzhorn

§ 38
(1) Blaues Blinklicht zusammen mit dem Einsatzhorn darf nur verwendet werden, wenn höchste Eile geboten ist, um Menschenleben zu retten oder schwere gesundheitliche Schäden abzuwenden, eine Gefahr für die öffentliche Sicherheit oder Ordnung abzuwenden, flüchtige Personen zu verfolgen oder bedeutende Sachwerte zu erhalten.

3 Die Fahrt mit Sonder- und Vorrangrechten

**Es ordnet an:
»Alle übrigen Verkehrsteilnehmer haben sofort freie Bahn zu schaffen«.
(2) Blaues Blinklicht allein darf nur von den damit ausgerüsteten Fahrzeugen und nur zur Warnung an Unfall- oder sonstigen Einsatzstellen, bei Einsatzfahrten oder bei der Begleitung von Fahrzeugen oder von geschlossenen Verbänden verwendet werden.
(3) Gelbes Blinklicht warnt vor Gefahren. Es kann ortsfest oder von Fahrzeugen aus verwendet werden. Die Verwendung von Fahrzeugen aus ist nur zulässig, um vor Arbeits- oder Unfallstellen, vor ungewöhnlich langsam fahrenden Fahrzeugen oder vor Fahrzeugen mit ungewöhnlicher Breite oder Länge oder mit ungewöhnlich breiter oder langer Ladung zu warnen.**

Während sich § 35 StVO im Abschnitt I, Allgemeine Verkehrsregeln der Verordnung, befindet, ist die Verwendung von blauem und auch gelbem Blinklicht unter Abschnitt II, Zeichen und Verkehrseinrichtungen, in § 38 StVO geregelt. Bereits dies legt nahe, dass die Vorschrift keine zusätzlichen Rechte oder Sonderrechte verleiht. Leider hat sich dennoch der in die Irre leitende und dem Gesetz fremde Begriff »Wegerechte« eingebürgert. Dieser wird sowohl in der Rechtsprechung als auch in Erlassen der obersten Aufsichtsbehörden verwandt. Der Begriff Wegerecht ist jedoch abzulehnen. Mit Wegerecht wird das Recht zur Nutzung eines Weges, also das Geh- und Fahrrecht auf einer Verkehrsfläche, umschrieben. § 38 Abs. 1 StVO gibt ein solches Recht jedoch genauso wenig, wie er Sonderrechte nach § 35 StVO erweitert. Insoweit wäre – falls man

3.5 Fahrten mit blauem Blinklicht und Einsatzhorn

überhaupt von einem weiteren Recht spricht – der Begriff »Vorrangrecht« wesentlich präziser und zutreffender. Denn § 38 Abs. 1 StVO beschreibt,

- wann und unter welchen Voraussetzungen die Sondersignalanlagen verwendet werden dürfen und
- wie sich andere Verkehrsteilnehmer aufgrund dieser Sondersignale (vergleichbar wie Verkehrszeichen) dann zu verhalten haben und bei Nutzung beider Signale dem Inhaber des Sonderrechts den Vorrang gewähren müssen.

3.5.1 Fahrten mit blauem Blinklicht allein

Nach § 38 Abs. 2 StVO darf blaues Blinklicht allein nur verwendet werden,

- bei Einsatzfahrten,
- zur Warnung an Unfallstellen,
- zur Warnung an Einsatzstellen und
- bei der Begleitung von Fahrzeugen oder von geschlossenen Verbänden.

Blaues Blinklicht allein gewährt keine Vorrangrechte gegenüber anderen Verkehrsteilnehmern. Es handelt sich allein um ein Warnsignal, welches allerdings andere Verkehrsteilnehmer zu erhöhter Vorsicht mahnt[122]. Werden Sonderrechte

---

122 BGH VM 69,43; KG VRS 104, 355; OLG Koblenz NZV 2004, 525

3 Die Fahrt mit Sonder- und Vorrangrechten

in Anspruch genommen, empfiehlt es sich, dieses Warnsignal einzuschalten. Dies war bis zur Änderung des § 38 Abs. 2 StVO durch die elfte Veränderungsverordnung vom 19.03.1992 nicht möglich. Die damalige Rechtslage ließ eine Verwendung von blauem Blinklicht allein bei Einsatzfahrten nicht zu. In der Praxis ist jedoch für Rettungsdienst, Feuerwehr sowie Polizei die Möglichkeit, das blaue Blinklicht allein benutzen zu dürfen (z. B. zur Nachtzeit, aus einsatztaktischen Gründen) sinnvoll[123]. Durch die elfte Verordnung zur Änderung der Straßenverkehrsordnung vom 19.03.1992 wurden in § 38 Abs. 2 StVO die Wörter »bei Einsatzfahrten« eingefügt und damit das Fahren allein mit blauem Blinklicht ausdrücklich zugelassen[124]. Unter Einsatzfahrten sind alle Fahrten vom jeweiligen Standort zur Einsatzstelle oder zu Einsatzzwecken zu verstehen, bei denen Sonderrechte wahrgenommen werden.

Ebenso wichtig wie die Verwendung bei Einsatzfahrten ist das Einschalten des blauen Blinklichts an Unfallstellen oder zur Absicherung von Einsatzstellen ggf. zusätzlich zur Verwendung von Heckwarnsystemen[125]. Ein auf der Fahrbahn stehendes Fahrzeug mit eingeschaltetem blauem Blinklicht bedeutet für die übrigen Verkehrsteilnehmer eine deutliche Warnung, dass sie mit Hindernissen und Verletzten auf der gesamten Fahrbahn rechnen und daher ihre eigene Geschwindigkeit erheblich verringern müssen[126]. Wer in eine so abgesicherte Unfall- bzw.

---

123 Amtliche Begründung zur ÄndVO v. 19.03.1992 (VkBl. 92, 187)
124 BGBl. 1992,678 vom 03.04.1992
125 Wackerhahn/Schubert, Absicherung von Einsatzstellen, 4.1.3
126 OLG Koblenz DAR 2004, 146

Einsatzstelle hineinfährt und seinerseits einen weiteren Unfall verursacht, handelt grob fahrlässig[127].

Fahren Einsatzfahrzeuge gem. § 27 StVO im geschlossenen Verband, kann sowohl zur Kenntlichmachung als auch zur Warnung blaues Blinklicht allein eingeschaltet werden (s. o.). Sind im geschlossenen Verband Fahrzeuge ohne Sondersignalanlage, so sollten diese nicht Anfang und Ende des Verbandes bilden.

3.5.2 Fahrten mit blauem Blinklicht und Einsatzhorn zusammen

3.5.2.1 Voraussetzungen

Voraussetzung für die Fahrt mit Sondersignalen ist zunächst einmal, dass das Fahrzeug über eine zugelassene Sondersignalanlage verfügt (s. u.). Es muss sich ferner um eine Einsatzfahrt handeln, bei der die Voraussetzungen für die Inanspruchnahme von Sonderrechten nach § 35 Abs. 1 StVO oder im Rettungsdienst nach § 35 Abs. 5 a StVO vorliegen (s. o.).

Weitere Voraussetzungen sind
- Ziel der Einsatzfahrt ist die Rettung von Menschenleben, die Abwehr schwerer gesundheitlicher Schäden oder die Abwehr einer anderen Gefahr für die öffent-

---

127 OLG Koblenz a.a.O.

liche Sicherheit und Ordnung oder – im polizeilichen Bereich – die Verfolgung flüchtender Personen sein und
- das Ziel der Einsatzfahrt erfordert es, dass nicht nur Sonderrechte in Anspruch genommen werden müssen, sondern auch das Vorrangrecht gegenüber anderen Verkehrsteilnehmern, da ansonsten die Erreichung des Einsatzzieles gefährdet wäre.

Höchste Eile muss zur Abwehr der Gefahr nach § 38 Abs. 1 StVO geboten sein.
Höchste Eile liegt vor, wenn nach der Lebenserfahrung eine erhebliche Wahrscheinlichkeit dafür besteht, dass der Schutz von Menschenleben, der Gesundheit und der öffentlichen Sicherheit und Ordnung maßgeblich vom schnellen Eintreffen des Einsatzfahrzeugs an der Einsatzstelle abhängt.

Dies bedeutet gegenüber den Voraussetzungen für die Inanspruchnahme von Sonderrechten nach § 35 StVO noch einmal eine weiter gesteigerte Dringlichkeit. So kann z. B. mit Sonderrechten nach § 35 Abs. 1 StVO beim Stichwort »Katze im Baum« ohne weiteres auch in eine Fußgängerzone eingefahren werden. Das Einschalten von blauem Blinklicht und Einsatzhorn ist jedoch nicht zulässig, da keine höchste Eile geboten ist. Wohl aber kann auf der Einsatzfahrt und zur Absicherung der Einsatzstelle wiederum blaues Blinklicht allein eingeschaltet werden.

Für die Frage, ob in der jeweiligen Verkehrssituation bei einer Einsatzfahrt dann auch das Einsatzhorn eingeschaltet wird, ist allein der Fahrer verantwortlich. Vorgesetzte, gleich ob in der Leitstelle oder im Fahrzeug, können allerdings anordnen, dass die Sondersignale grundsätzlich während der Fahrt zulässig sind oder nicht genutzt werden dürfen. Im letzteren Fall hat der Fahrer dann wieder seine Fahrweise an das nunmehr fehlende Vorrangrecht anzupassen. Durchaus zulässig und hilfreich kann es sein – soweit dies technisch möglich ist – dass der Beifahrer in Abstimmung mit dem Fahrer die Sondersignalanlage bedient und den Fahrer von dieser Tätigkeit entlastet.

3.5.2.2 Rechtsfolgen

Auch nach der Änderung der StVO im Jahr 1992, wonach bei Einsatzfahrten mit blauem Blinklicht allein gefahren werden darf, ist für die Durchsetzung der Vorrangrechte[128] das gleichzeitige Einschalten von blauem Blinklicht und Einsatzhorn zwingend erforderlich. Denn nur beide Warneinrichtungen zusammen schaffen Vorrecht[129]. Die Beweislast für das rechtzeitige Einschalten beider Warneinrichtungen liegt beim Fahrer bzw. Halter des Sonderrechtsfahrzeugs[130].

Bevor sich der Fahrer des Sonderrechtsfahrzeugs über den Vorrang anderer Verkehrsteilnehmer hinwegsetzen darf, muss er beide Sondersignale rechtzeitig zusammen eingeschaltet haben. Dabei sind 10 Sekunden vor dem Erreichen einer Ein-

---

128 Besser als der irritierende Begriff »Wegerecht« s. o.
129 Hentschel/König/Dauer StVO § 38 Rdnr. 9; OLG Düsseldorf BeckRS 17, 100461; KG Berlin VersR 07, 413; KG Berlin NZV 03, 481; 03, 382; VRS 100, 329; OLG Köln NZV 96, 237; OLG Naumburg VM 95, 24
130 KG Berlin VM 85, 5; OLG Düsseldorf NZV 92, 489

3 Die Fahrt mit Sonder- und Vorrangrechten

mündung oder Kreuzung in der Regel ausreichend[131]. Stellt man auf die Entfernung ab, sind beide Sondersignale in mindestens 50 m Entfernung vor den anderen Verkehrsteilnehmern einzuschalten, wenn sichergegangen werden soll, dass diese das blaue Blinklicht und das Einsatzhorn auch wahrnehmen[132]. Andere Verkehrsteilnehmer müssen auch dafür sorgen, dass sie das Einsatzhorn hören können[133]. Wer das Einsatzhorn wegen starken Innengeräuschen nicht hören kann, muss dies durch besondere Aufmerksamkeit ausgleichen[134].

Wird das Einsatzhorn zwischendurch ausgeschaltet oder setzt es aus, besteht das Vorrangrecht für diesen Zeitraum nicht und andere Verkehrsteilnehmer dürfen davon ausgehen, dass der Fahrer des Einsatzfahrzeugs auf freie Bahn verzichtet und keinen Vorrang mehr beansprucht[135]. Nur wenn er sicher ist, dass alle übrigen Verkehrsteilnehmer die gleichzeitig eingeschalteten Sondersignale wahrgenommen haben, darf er mit der Gewährung des Vorranges und mit freier Bahn rechnen[136]. Alle Verkehrsteilnehmer haben, bei eingeschaltetem blauem Blinklicht und Einsatzhorn sofort freie Bahn zu schaffen. Dies gilt für Fußgänger, Radfahrer, Kradfahrer und auch für die Straßenbahn. Diese muss erforderlichenfalls anhalten, um freie

---

131 KG Berlin NZV 2008, 149
132 BGH NJW 1959, 339; KG Berlin VRS 100, 329
133 KG Berlin NZV 92, 456
134 OLG Nürnberg VersR 1977, 64
135 KG Berlin NZV 2008, 149
136 BGH VRS 28, 298, OLG Nürnberg NZV 2001, 430, KG Berlin NZV 2003, 126; 2008, 149; OLG Düsseldorf NZV 1992, 489; OLG Hamm DAR 1996, 93

Bahn zu schaffen[137]. Auf Autobahnen und mehrspurigen Außerortsstraßen geschieht dies nach § 11 Abs. 2 StVO durch Bildung der Rettungsgasse, die sogar schon bei stockendem Verkehr zu bilden ist, auch wenn sich kein Einsatzfahrzeug nähert (s. o. 2.2.2.6 Besondere Verkehrslagen). Treffen zwei Einsatzfahrzeuge mit eingeschalteten Einsatzhorn aufeinander, müssen sie sich verständigen[138].

3.6 Sonderfälle

3.6.1 Fahrten mit sonstigen mit Sondersignalanlage ausgerüsteten Fahrzeugen

Voraussetzung für die Inanspruchnahme von Sonderrechten ist neben der Dringlichkeit zur Erfüllung einer hoheitlichen Aufgabe entweder, dass diese von einer in § 35 Abs. 1 StVO genannten Organisation (s. o.) oder mit einem Fahrzeug des Rettungsdienstes nach § 35 Abs. a StVO wahrgenommen werden. Neben diesen Fahrzeugen gibt es jedoch Fahrzeuge, die mit Sondersignalanlagen ausgerüstet sind, ohne dass die vorgenannten Kriterien zutreffen. Hierunter fallen unter anderem Fahrzeuge des Zolldienstes und Bundesamtes für den Güterverkehr oder der Bundesuntersuchungsstelle für Flugunfalluntersuchung (§ 52 Abs. 3 Nr. 1 i. V. m. 55 Abs. 3 StVZO)

---

137 BGHVRS 16, 105
138 KG Berlin VM 92, 52

3 Die Fahrt mit Sonder- und Vorrangrechten

und Unfallhilfswagen öffentlicher Verkehrsbetriebe mit spurgeführten Fahrzeugen (§ 52 Abs. 3 Nr. 3 i. V. m. 55 Abs. 3 StVZO), sowie der Notfallmanager der Deutschen Bahn AG oder z. B. auch Einsatzfahrzeuge des Landesamtes für Natur, Umwelt und Verbraucherschutz Nordrhein-Westfalen.

Bei diesen Fahrzeugen wird teilweise die Auffassung vertreten, hiermit könnten keine Sonderrechte gem. § 35 StVO in Anspruch genommen werden, weil sie in der Vorschrift nicht genannt seien. Diese Auffassung ist nicht nachvollziehbar. Denn unzweifelhaft sind diese Fahrzeuge zulässigerweise mit einer Sondersignalanlage ausgestattet worden, damit diese auch genutzt werden kann. Werden aber beide Sondersignale zusammen eingeschaltet, besteht nach § 38 Abs. 1 StVO gegenüber anderen Verkehrsteilnehmern ein Vorrangrecht (s. o.). Dieses Vorrangrecht kann aber weder tatsächlich noch rechtlich wahrgenommen werden, ohne dass ansonsten von den Vorschriften der StVO abgewichen wird. Ein Vorrangrecht nach § 38 Abs. 1 StVO ist mithin ohne Sonderrechte nach § 35 StVO nicht denkbar. Daraus ergibt sich der gesetzgeberische Wille, dass auch die zulässigerweise mit Sondersignalanlagen ausgerüsteten Fahrzeuge Sonderrechte analog § 35 StVO wahrnehmen. Diese Analogie ist zulässig, da durch die Sonderrechte – anders als beim Vorrangrecht nach § 38 StVO – nicht unmittelbar in die Rechte anderer eingegriffen wird. Eine Ausstattung mit Sondersignalanlagen wäre unsinnig und damit rechtlich nicht vertretbar, wenn man den damit ausgestatteten Fahrzeuge keine Sonderrechte nach § 35 StVO zubilligen würde. Ein Rückgriff auf die allgemeinen Grundsätze des rechtfertigenden Notstandes in § 34 StGB bzw. § 16 OWiG ist angesichts des Willens des Gesetzgebers, dass mit diesen

3.6 Sonderfälle

Fahrzeugen nach § 38 Abs. 1 StVO das Vorrangrecht ausgeübt werden kann, unsinnig.

3.6.2 Fahrten zu Übungs- und Schulungszwecken

3.6.2.1 Fahrten ohne Sonderrechte

Werden mit Einsatzfahrzeugen Übungs- und Schulungsfahrten unternommen, gelten die allgemeinen Grundsätze hierfür. Vor der Fahrt hat sich der Fahrer mit dem Fahrzeug vertraut zu machen. Bei Übungs- und Schulungsfahrten sind die gleichen vorbereitenden Maßnahmen zu ergreifen, wie bei einer Einsatzfahrt[139]. Dies hat besonders sorgfältig zu geschehen, wenn das Fahrzeug das erste Mal gefahren wird. Es empfiehlt sich dringend, die erste Einweisungsfahrt zusammen mit einem auf dem jeweiligen Einsatzfahrzeug erfahrenen Maschinisten durchzuführen. Ausnahmen kann man sicherlich für Pkw und leichte Lkw machen, wenn hierfür schon eine allgemeine Fahrererfahrung vorliegt. Eine Einweisungsfahrt sollte zunächst auf einer verkehrstechnisch einfach gelagerten Strecke und nicht sofort im dichten, innerstädtischen Verkehr erfolgen.

---

139 Vgl. hierzu Thorns, Einsatz- und Geländefahrten, 4.1.1

3.6.2.2 Fahrten mit Sonderrechten

Fraglich ist, ob bei Übungen, Übungs- oder Schulungsfahrten Sonderrechte in Anspruch genommen werden. Die Auffassungen hierzu gehen teils stark auseinander. Zutreffend ist, dass es der Feuerwehr bei einer Übung nicht gestattet ist, eine öffentliche Straße mit Verkehrszeichen unter Berufung auf § 35 StVO zu sperren, da diese Befugnis in die Zuständigkeit der Straßenverkehrsbehörden fällt[140].

Mangels Eilbedürftigkeit wird bei bloßen Übungsfahrten die Zulässigkeit von Fahrten mit Sonderrechten teils mit Hinweis auf die fehlende Notwendigkeit der sofortigen Erfüllung der Dienstaufgabe verneint[141]. Diese Auffassung greift deutlich zu kurz. Denn Übungsfahrten der Feuerwehr zählen zur Erfüllung hoheitlicher Aufgaben im Sinne des § 35 Abs. 1 StVO[142]. Auch die Feuerwehrübung und die Rückfahrt von einem Einsatz sind Ausübung hoheitlicher Aufgaben[143]. Es ist daher möglich, sich über die Bestimmungen der StVO hinwegzusetzen, wenn es der Zweck der Übung erfordert. Denn diese Fahrten sind auch dringend geboten, da erfahrene und

---

140 VGH München, Beschluss vom 13.09.2005 - Aktenzeichen 11 CS 05.987, BeckRS 2005, 17218, mit dem Hinweis, dass auch die Berechtigung zur Verkehrslenkung aus Art. 7a bay ZustGVerk hier keine Zuständigkeit gibt
141 Hentschel/König/Dauer § 35 Rdnr. 5, verneinend Koehl, SVR 2018, 249; Hartung NJW, 1956, 1626,
142 Ausführlich dargestellt von Dieter Müller, Sonderrechte und Wegerecht für Übungseinsatzfahrten im öffentlichen Verkehrsraum. SVR 2019, 86 ff
143 BGH NJW 1956, 1633

3.6 Sonderfälle

sichere Fahrer von Einsatzfahrzeugen nicht ohne Ausbildung und Schulung vom Himmel fallen und bestimmte realistische Übungen ohne Sonderrechte nicht möglich sind[144]. Allerdings sind Übungsfahrten mit Sonderrechten vor dem Hintergrund von tatsächlichen tödlichen Unfällen bei solchen Fahrten grundsätzlich als gefährlich einzustufen[145]. Diese können daher nur unter ganz besonderer Berücksichtigung der Verkehrssicherheit geplant und durchgeführt werden. Keineswegs dürfen »scharfe« Übungseinsatzfahrten angeordnet werden, bei denen die Einsatzfahrer über den Übungscharakter der Fahrt vorab nicht informiert wurden, da dann evident gegen die Vorschrift des § 35 Abs. 8 StVO verstoßen würde[146].

3.6.2.3 Fahrten mit blauem Blinklicht und Einsatzhorn

Blaues Blinklicht und Einsatzhorn zusammen darf grundsätzlich nur unter der Voraussetzung genutzt werden, dass höchste Eile

---

144 Sehr deutlich und ausführlich Krumme in DAR 1975, 151, 152 – Eine Zurückhaltung bei der Auslegung der Dringlichkeit sei bei Übungsfahrten wegen der großen Bedeutung für eine wirksame Brandbekämpfung nicht gerechtfertigt. Der »Ernstfall« müsse bei Übungen fingiert werden. Es gehe darum, die Feuerwehrmannschaften und Einsatzfahrer auf höchste Einsatzbereitschaft und Einsatzfähigkeit zu trainieren.
145 Müller a.a.O, mit Hinweis auf einen tödlichen Unfall bei einer Übungsfahrt am 08.08.2017 mit einem Feuerwehrfahrzeug
146 Müller a.a.O. mit weiteren Ausführungen

geboten ist, um das Einsatzziel zu erreichen (s. o.). Sonderrechte nach § 35 StVO können allerdings auch von den Voraussetzungen des § 38 Abs. 1 StVO befreien. Dabei ist selbstverständlich zu prüfen, ob dies zur Erreichung der hoheitlichen Aufgabe, nämlich der Ausbildung von Einsatzfahrern, dringend geboten ist. Wird dies bejaht, bedeutet es aber auch, dass sich die Hoheitsträger auch bei Übungs- und Schulungsfahren durch Blaulicht und Einsatzhorn freie Bahn verschaffen können[147]. Allerdings sollte wegen der erhöhten Unfallgefahr nur ausnahmsweise und sehr verhalten und unter besonderer Berücksichtigung von § 35 Abs. 8 StVO von dieser Möglichkeit Gebrauch gemacht werden.

3.6.3 Fahrten mit Privatfahrzeugen

Problematisch sind Fahrten mit Privatfahrzeugen, bei denen von den Vorschriften der StVO abgewichen wird. Dies kommt besonders bei Freiwilligen Feuerwehren nach einer Alarmierung auf dem Weg zum Gerätehaus vor. Hier stellt sich die Frage, ob den Feuerwehrangehörigen in diesem Fall Sonder-

---

147 So ausdrücklich auch die VwV des Innenministeriums Baden-Württemberg zu § 35 StVO vom 11. Juni 1981 (GABl. 1981 S. 747; geändert am 09.02.82 u. 15.04.83); Krumme, DAR 1975, 151, 154 mit Hinweis auf die insoweit zutreffende Rechtsansicht in einem Schreiben des BMV vom 12.07.1972 an die AGBV, dagegen aber Müller a.a.O S. 88, der eine schriftlich voraus beantragte Ausnahmegenehmigung fordert.

3.6 Sonderfälle

rechte gem. § 35 StVO zustehen. Dies ist mit der herrschenden Meinung in Rechtsprechung und Literatur zu bejahen, da § 35 StVO nicht von Feuerwehrfahrzeugen, sondern von der Feuerwehr spricht und der Einsatz mit der Alarmierung beginnt, also bereits der Weg zum Gerätehaus als Einsatz gilt[148]. Zur Begründung wird zusätzlich auch auf die VwV zu § 35 StVO verwiesen. In der VwV-StVO zu § 35 wird empfohlen, bei Inanspruchnahme von Sonderrechten dies, wenn möglich und

---

148 Vgl. sehr ausführliche Darstellung bei Dickmann, Neue Zeitschrift für Verkehrsrecht, 2003, 220 OLG Stuttgart, Beschluss v. 26.04.2002 NJW 2002, 2118, brandschutz Freispruch in Baden-Württemberg, 2002, 569, 570; Antwort des Bundesverkehrsministers aus 2001. brandschutz 2002, 572; Henschel/König/Dauer, , § 35 StVO, Rdnr. 3,ausführliche Darstellung bei Schneider, Feuerwehr im Straßenverkehr, 1.3.1 (b) mit Rechtsprechungs- und Literaturübersicht unter 1.8; AG Soltau, SgEFeu § 35 StVO Nr. 48; OLG Braunschweig, Beschluss v. 05.03.1990,Ss (B) 14/90, AG Seesen, Urteil vom 15.11.1989, AZ: 7 Owi 906 Js 42535/89, ferner überzeugend Kullik (gegen OLG Frankfurt), DAR 1995, 126 mit Hinweis auf die Stellungnahme des Bund-Länder-Fachausschusses StVO die lautet: »Nach § 35 Abs. 1 StVO kommt es darauf an, ob die Überschreitung der Vorschriften der StVO zur Erfüllung hoheitlicher Aufgaben dringend geboten ist. Dies kann auch der Fall sein, wenn der Stützpunkt (Gerätehaus) von der Wohnung schnell erreicht werden muss. Dabei ist aber § 35 Abs. 8 StVO besonders zu beachten, wenn mit Privatfahrzeugen gefahren wird, die für die übrigen Verkehrsteilnehmer nicht als Fahrzeuge mit Sonderrechten erkennbar sind«. Dieser Meinung haben sich auch Innenminister und Justizminister NRW in der Antwort vom 24.04.1998 zu einer kleinen Anfrage angeschlossen (Drucksache 12/3006)

zulässig, durch blaues Blinklicht mit Einsatzhorn anzuzeigen. Aus dem einschränkenden Zusatz »wenn möglich« kann geschlossen werden, dass nach dem Willen des Verordnungsgebers auch Fahrzeuge, die weder über blaues Blinklicht noch über Einsatzhorn verfügen, Sonderrechte in Anspruch nehmen können[149].

Da ein Privatfahrzeug jedoch nicht als Sonderrechtsfahrzeug zu erkennen ist, dürfen die Sonderrechte nur unter besonderer Berücksichtigung des § 35 Abs. 8 StVO genutzt werden. Abweichungen von der Straßenverkehrsordnung sind mit einem Privatwagen nur dann zulässig, wenn mit an Sicherheit grenzender Wahrscheinlichkeit eine Gefährdung und Schädigung anderer ausgeschlossen werden kann. Daher ist allenfalls eine mäßige Überschreitung der zulässigen Höchstgeschwindigkeit zulässig[150]. Von einer solchen nur mäßigen Geschwindigkeitsüberschreitung wird man nicht ausgehen können, wenn es durch die höhere Geschwindigkeit tatsächlich zu einem Unfall kommt. Damit verbleibt ein nicht unerhebliches Risiko für den Fahrer. Vorrangrechte sind mit privaten Fahrzeugen mangels der Möglichkeit blaues Blinklicht und Einsatzhorn einzuschalten von vorherein ausgeschlossen. Zur Warnung ist es bei der Ausübung von Sonderrechten mit Privatfahrzeugen allerdings zulässig, Schall- und Lichtzeichen (Hupe und Lichthupe) zu benutzen. Denn diese Abweichung von § 16 StVO ist gleichfalls von § 35 StVO gedeckt. Unzulässig ist jedoch das Anbringen zusätzlicher Signaleinrichtungen für

---

149 OLG Stuttgart, Beschluss vom 26.04.2002 a.a.O.
150 OLG Stuttgart, Beschluss vom 26.04.2002 a.a.O.

3.6 Sonderfälle

Schall- und Lichtzeichen, wie Dachlampen, Sirenen oder Hupen mit einer Abfolge von Tönen. Während es für den blinkenden Dachaufsetzer in schwarzer Farbe auf gelben Grund mit der Aufschrift »Arzt im Notfalleinsatz« in § 52 Abs. 6 StVZO eine Rechtsgrundlage gibt, fehlt diese völlig für die zum Teil weitverbreiteten blinkenden Dachaufsetzer mit der Aufschrift »Feuerwehr im Einsatz«. Ein Abweichen von den Vorschriften der StVZO über die Ausrüstung mit Kennleuchten und Einsatzhorn ist schlicht nicht erlaubt[151].

Werden die durch § 35 Abs. 8 StVO gesetzten Grenzen mit Privatfahrzeugen überschritten, findet also z. B. eine nicht nur mäßige Geschwindigkeitsüberschreitung statt, wird die Auffassung vertreten, die Sonderrechte entfielen dann vollständig. So hat die Rechtsprechung einem Mitglied der Freiwilligen Feuerwehr nach einem Alarm auf der Fahrt zum Feuerwehrhaus die Berufung auf das Sonderrecht nach § 35 Abs. 1 StVO verwehrt, da dieser kurz vor Erreichen seines Fahrziels nicht davon ausgehen konnte, dass eine innerörtliche Geschwindigkeitsüberschreitung von 54 km/h dringend geboten gewesen sei.[152] Dies hat dann zur Folge, dass ein Bußgeldbescheid mit Fahrverbot ergeht, völlig unbeachtlich des Feuerwehreinsatzes. Diese Rechtsprechung ist abzulehnen, weil sie verkennt, dass § 35 Abs. 8 StVO, der gleichfalls bußgeldbewehrt ist, hier

---

151 vgl. §§ 52, 55, 70 Abs. 4 S. 2 StVZO, darauf wird auch ausdrücklich in Ziffer 2.4. der Anwendungshinweise des Bayerischen Staatsministeriums des Innern zum Vollzug der Straßenverkehrs-Ordnung hingewiesen,
152 OLG Braunschweig (Beschl. v. 5. 3. 1990 - Ss (B) 14/90)

als speziellere Regelung vorgeht[153]. Selbst wenn es zu einem Verkehrsunfall kommt, liegt in der Regel nur ein Verstoß gegen § 35 Abs. 8 StVO vor[154].

Die Haftung bei Unfällen mit Privatfahrzeugen durch Feuerwehrangehörige auf dem Weg zum Gerätehaus oder zur Einsatzstelle richtet sich nach den Grundsätzen der Amtshaftung[155].

3.7 Die Straßenverkehrs-Zulassungs-Ordnung - StVZO[156]

Die Straßenverkehrszulassungsordnung regelte ursprünglich die Zulassung von Personen und Fahrzeugen zum Straßenverkehr. Seit einer Änderung 1998 regelt die StVZO nur noch die Zulassung von Fahrzeugen. Die entsprechenden Regelungen für die Zulassung von Personen sind nun in der Verordnung über die Zulassung von Personen zum Straßenverkehr (Fahrerlaubnis-Verordnung – FeV -s. u.) enthalten. Hinsichtlich der

---

153 Vgl. Fischer, Trotz Sonderrechten – 150 Euro Geldbuße und ein Monat Fahrverbot für Geschwindigkeitsüberschreitung, DER FEUERWEHRMANN 2009, 228, mit Besprechung einer Entscheidung des AG Castrop-Rauxel 6 Owi 210 Js 1030/08 (216/08)
154 BayObLG (2. Senat für Bußgeldsachen), Beschluss vom 20. 10. 1982 - 2 Ob OWi 408/82, VRS 1983, 143
155 Siehe auch unten und OLG Stuttgart BeckRS 2018, 16100.
156 »Straßenverkehrs-Zulassungs-Ordnung vom 26. April 2012 (BGBl. I S. 679), die zuletzt durch Artikel 1 der Verordnung vom 20. Oktober 2017 (BGBl. I S. 3723) geändert worden ist«

3.7 Die Straßenverkehrs-Zulassungs-Ordnung - StVZO

Zulassung von Fahrzeugen enthält die StVZO eine Vielzahl von einzelnen und detaillierten Regelungen zur erforderlichen technischen Beschaffenheit von Fahrzeugen. In der gleichfalls neu geschaffenen Verordnung für die Zulassung von Fahrzeugen zum Straßenverkehr (FZV) wurden alle Regelungen über die Zulassungspflicht der Fahrzeuge, also ihre Registrierung bei den Verkehrsbehörden und die daraus resultierenden Pflichten der Fahrzeughalter und Fahrzeugeigentümer, zusammengefasst.

3.7.1 Verantwortung für den Betrieb der Fahrzeuge

§ 31 StVZO
(1) Wer ein Fahrzeug oder einen Zug miteinander verbundener Fahrzeuge führt, muss zur selbstständigen Leitung geeignet sein.
(2) Der Halter darf die Inbetriebnahme nicht anordnen oder zulassen, wenn ihm bekannt ist oder bekannt sein muss, dass der Führer nicht zur selbstständigen Leitung geeignet oder das Fahrzeug, der Zug, das Gespann, die Ladung oder die Besetzung nicht vorschriftsmäßig ist oder dass die Verkehrssicherheit des Fahrzeugs durch die Ladung oder die Besetzung leidet.

3.7.1.1 Der Fahrzeugführer

Die Bestimmung stellt neben anderen Bestimmungen nochmals heraus, wer die Verantwortung für den Betrieb der Fahrzeuge hat. Abs. 1 geht dabei auf die Eignung zum Führen von Fahrzeugen ein. Hingegen beschreibt Abs. 2 die Pflichten und Verantwortlichkeit des Halters rund um den Betrieb eines Fahrzeuges und der Ladung sowie der Besatzung.

Ein Fahrzeug führt, wer es in eigener Verantwortung in Betrieb setzt. Hierzu muss er geeignet sein. Dies bedeutet, dass er ohne fremde Hilfe körperlich und geistig und von seinen technischen Fähigkeiten in der Lage sein muss, dass Fahrzeug sicher zu führen. Zur Eignung gehört selbstverständlich auch der Besitz der nach der FeV erforderlichen Fahrerlaubnis.

3.7.1.2 Der Halter

Halter ist, wer das Fahrzeug auf eigene Rechnung gebraucht hat und die Verfügungsgewalt besitzt, die ein solcher Gebrauch voraussetzt. Der Halter ist auch für die Eignung des Fahrers des Fahrzeugs verantwortlich.

Der Halter eines Kfz genügt seiner sich aus § 31 Abs. 2 StVZO ergebenden Überwachungspflicht auch nicht bereits dadurch, dass er dem Fahrer aufträgt, jeden auftretenden Fahrzeugmangel ihm zwecks Behebung mitzuteilen. Der Halter muss vielmehr durch Stichproben die Erfüllung dieses Auftrages überwachen. Nur auf erprobte, sachkundige und erwiesenermaßen hinsichtlich der Überwachung des Fahrzeugs zuverlässige Fahrer darf sich der Halter verlassen, sofern nicht besondere Umstände vorliegen[157]. Die Erfüllung der Pflichten

---

157 OLG Düsseldorf 14.3.1989 – 5 Ss (OWi) 58/89 – (OWi) 30/89

setzt auch bei einer wirksamen Delegation auf qualifiziertes Personal zur eigenverantwortlichen Wahrnehmung nicht nur voraus, dass der insoweit Verantwortliche bei der Auswahl und Schulung der Fahrzeugführer die erforderliche Sorgfalt walten lässt und diese mit den notwendigen Weisungen versieht. Erforderlich ist vielmehr auch, dass die Beachtung der Weisungen durch gelegentliche – auch unerwartete – Kontrollen überprüft wird, weil nur so eine wirksame, nicht lediglich auf zufällig entdeckte Verstöße beschränkte, planmäßige Überwachung gewährleistet ist, welche auch präventiv wirkt[158].

3.7.2 Sondersignalanlagen

Die in Betracht kommenden Fahrzeuge, die mit blauem Blinklicht und Martinshorn (Einsatzhorn) ausgerüstet werden dürfen, werden in § 52 Abs. 3 S. 1 (blaues Blinklicht), § 55 Abs. 3 StVZO (Einsatzhorn) festgelegt.

3.7.2.1 Blaues Blinklicht und Heckwarnsysteme

Nach § 52 Abs. 3 S. 1 StVZO dürfen mit einer oder mehreren Kennleuchten für blaues Blinklicht[159] – Rundumlicht – ausgerüstet sein:

---

158 OLG Bamberg OLG Bamberg v. 12.6.2013 – 2 Ss OWi 659/13 (bezogen auf Ladungssicherung)
159 Die einschlägigen DIN-Vorschriften, (DIN 14620 für Kennleuchten, DIN 14630 für Einbau- und Anschluss der Einrichtungen) sind zu beachten.

3 Die Fahrt mit Sonder- und Vorrangrechten

- Kraftfahrzeuge, die dem Vollzugsdienst der Polizei, der Militärpolizei, der Bundespolizei, des Zolldienstes, des Bundesamtes für Güterverkehr oder der Bundesstelle für Flugunfalluntersuchung dienen, insbesondere Kommando-, Streifen-, Mannschaftstransport-, Verkehrsunfall-, Mordkommissionsfahrzeuge,
- Einsatz- und Kommando-Kraftfahrzeuge der Feuerwehren und der anderen Einheiten und Einrichtungen des Katastrophenschutzes und des Rettungsdienstes,
- Kraftfahrzeuge, die nach dem Fahrzeugschein als Unfallhilfswagen öffentlicher Verkehrsbetriebe mit spurgeführten Fahrzeugen, einschließlich Oberleitungsomnibussen, anerkannt sind,
- Kraftfahrzeuge des Rettungsdienstes, die für Krankentransport oder Notfallrettung besonders eingerichtet und nach dem Fahrzeugschein als Krankenkraftwagen anerkannt sind.
- Kennleuchten für blaues Blinklicht mit einer Hauptabstrahlrichtung nach vorne oder nach hinten sind an Kraftfahrzeugen nach Satz 1 zulässig, jedoch bei mehrspurigen Fahrzeugen nur in Verbindung mit Kennleuchten für blaues Blinklicht – Rundumlicht.

Zur weiteren Warnung an Einsatz- und Unfallstellen sind auch Heckwarnsysteme zugelassen. § 52 Abs. 11 StVZO bestimmt, dass Kraftfahrzeuge nach Absatz 3 Satz 1 Nummer 1, 2 und 4 zusätzlich zu Kennleuchten für blaues Blinklicht – Rundumlicht – und Kennleuchten für blaues Blinklicht mit einer Hauptabstrahlrichtung nach vorne mit einem Heckwarnsystem bestehend aus höchstens drei Paar horizontal nach hinten wirkenden Leuchten für gelbes Blinklicht ausgerüstet sein dürfen. Die Kennleuchten für gelbes Blinklicht mit einer Hauptabstrahlrichtung müssen

- nach der Kategorie X der Nummer 1.1.2 der ECE-Regelung Nr. 65 über einheitliche Bedingungen für die Genehmigung von Kennleuchten für Blinklicht für Kraftfahrzeuge und ihre Anhänger (BGBl. 1994 II S. 108) bauartgenehmigt sein,
- synchron blinken und
- im oberen Bereich des Fahrzeughecks symmetrisch zur Fahrzeuglängsachse angebracht werden. Die Bezugsachse der Leuchten muss parallel zur Standfläche des Fahrzeugs auf der Fahrbahn verlaufen.

Ferner gilt:

- Das Heckwarnsystem muss unabhängig von der übrigen Fahrzeugbeleuchtung eingeschaltet werden können und darf nur im Stand oder bei Schrittgeschwindigkeit betrieben werden.
- Der Betrieb des Heckwarnsystems ist durch eine Kontrollleuchte im Fahrerhaus anzuzeigen.
- Es ist ein deutlich sichtbarer Hinweis anzubringen, dass das Heckwarnsystem nur zur Absicherung der Einsatzstelle verwendet werden und das Einschalten nur im Stand oder bei Schrittgeschwindigkeit erfolgen darf.

Anlagen für blaues Blinklicht müssen nach § 22 a Abs. 1 Nr. 11 in einer amtlich genehmigten Bauart ausgeführt sein.

3.7.2.2 Akustische Signaleinrichtungen

Fahrzeuge dürfen nicht nur mit blauem Blinklicht ausgerüstet sein. § 55 Abs. 3 StVZO bestimmt, dass Kraftfahrzeuge, die auf Grund des § 52 Absatz 3 Kennleuchten für blaues Blinklicht führen, mit mindestens einer Warneinrichtung mit einer Folge von Klängen verschiedener Grundfrequenz (Einsatzhorn)[160] ausgerüstet sein müssen. Ist mehr als ein Einsatzhorn angebracht, so muss sichergestellt sein, dass jeweils nur eines betätigt werden kann. Auch Einsatzhörner müssen nach § 22a Abs. 1 Nr. 19 StVZO in einer amtlich genehmigten Bauart ausgeführt sei.

3.7.2.3 Sonderrechte nach StVZO

Auch bei der StVZO gibt es Sonderrechte. Nach § 70 Abs. 4 StVZO sind Bundeswehr, Polizei, Bundespolizei, Feuerwehr und die anderen Einheiten und Einrichtungen des Katastrophenschutzes sowie der Zolldienst von den Vorschriften dieser Verordnung befreit, soweit dies zur Erfüllung hoheitlicher Aufgaben unter gebührender Berücksichtigung der öffentlichen Sicherheit und Ordnung dringend geboten ist. So kann ausnahmsweise auch ein Fahrzeug im nicht vorschriftsmäßigen Zustand in Betrieb genommen werden, wenn dies zur Errei-

---

160 Die einschlägigen DIN-Vorschriften (DIN 14610 für akustische Warneinrichtung, DIN 14630 für Einbau- und Anschluss der Einrichtungen) sind zu beachten.

chung eines Einsatzziels unter Abwägung der Verkehrssicherheit vertretbar ist. Abweichungen von den Vorschriften über die Ausrüstung mit Kennleuchten, über Warneinrichtungen mit einer Folge von Klängen verschiedener Grundfrequenz (Einsatzhorn) und über Sirenen sind allerdings nicht zulässig.

3.8 Verordnung über die Zulassung von Personen zum Straßenverkehr (Fahrerlaubnis-Verordnung – FeV)

Der Fahrerlaubniszwang bei bestimmten Fahrzeugen hat seiner Grundlage in § 2 StVG. Die Details sind jedoch in einer Verordnung geregelt. Zuvor befanden sich diese Regelungen bis 1998 im Abschnitt A der StVZO. Seit 1999 gilt für diesen Bereich die aufgrund der Richtlinie 2006/126/EG der EU[161] vom Bundesministerium für Verkehr zur Umsetzung in deutsches Recht erlassene Fahrerlaubnisverordnung. Diese regelt, unter welchen Voraussetzungen Personen zur Teilnahme am öffentlichen Straßenverkehr zugelassen sind. Ziel der Verordnung ist es, aus Gründen der Verkehrssicherheit zu erreichen, dass nur geeignete Personen am öffentlichen Straßenverkehr teilnehmen dürfen. Für das Führen von Kraftfahrzeugen gilt nach § 4 Abs. 1 FeV das Erfordernis einer Fahrerlaubnis, soweit keine

---

161 Vgl. zur Bedeutung Europäischen Rechts und der Umsetzung in nationales Recht, Fischer in Das Feuerwehr Lehrbuch, Kohlhammer, 5. Auflage, A 2.1; Fischer, Feuerwehr und Europäisches Recht, DER FEUERWEHRMANN 2012, 331

3 Die Fahrt mit Sonder- und Vorrangrechten

Ausnahme nach § 4 Abs. 1 S. 2 FeV vorliegt. Die Fahrerlaubnis wird durch die nach Landesrecht zuständige Behörde erteilt, die neben der Fahrerlaubnis dann auch zum Nachweis eine amtliche Bescheinigung ausstellt. Diese Bescheinigung ist der Führerschein.

3.8.1 Einteilung der für Einsatzfahrzeuge relevanten Fahrerlaubnisklassen

Nach der FeV werden die Fahrerlaubnisse in unterschiedliche Klassen aufgeteilt. Folgende können nach § 6 Abs. 1 für Einsatzfahrzeuge relevant sein:

Tabelle 2: *Fahrerlaubnisklassen*

Fahrerlaubnisklasse	(Auszug aus § 6 FeV)
B	Kraftfahrzeuge – ausgenommen Kraftfahrzeuge der Klassen AM, A1, A2 und A – mit einer zulässigen Gesamtmasse von nicht mehr als 3.500 kg, die zur Beförderung von nicht mehr als acht Personen außer dem Fahrzeugführer ausgelegt und gebaut sind (auch mit Anhänger einer zulässigen Gesamtmasse von nicht mehr als 750 kg oder mit Anhänger 750 kg zu-

3.8 Verordnung über die Zulassung

Tabelle 2: *Fahrerlaubnisklassen – Fortsetzung*

Fahrerlaubnisklasse	(Auszug aus § 6 FeV)
	lässiger Gesamtmasse, sofern 3.500 kg zulässige Gesamtmasse der Kombination nicht überschritten wird).
BE	Fahrzeugkombinationen, die aus einem Zugfahrzeug der Klasse B und einem Anhänger oder Sattelanhänger mit einer zulässigen Gesamtmasse des Anhängers oder Sattelanhängers 3.500 kg nicht übersteigt.
C1	Kraftfahrzeuge, ausgenommen Kraftfahrzeuge der Klassen AM, A1, A2, A, D1, mit einer zulässigen Gesamtmasse von mehr als 7.500 kg, und die zur Beförderung von nicht mehr als acht Personen außer dem Fahrzeugführer ausgelegt und gebaut sind (auch mit Anhänger mit einer zulässigen Gesamtmasse von nicht mehr als 750 kg).

3 Die Fahrt mit Sonder- und Vorrangrechten

Tabelle 2: *Fahrerlaubnisklassen – Fortsetzung*

Fahrerlaubnisklasse	(Auszug aus § 6 FeV)
C1E	Fahrzeugkombination, die aus einem Zugfahrzeug der Klasse C1 und einem Anhänger oder Sattelanhänger mit einer zulässigen Gesamtmasse von mehr als 750 kg bestehen, sofern die zulässige Gesamtmasse der Fahrzeugkombination 12.000 kg nicht übersteigt, der Klasse B und einem Anhänger oder Sattelanhänger mit einer zulässigen Gesamtmasse von mehr als 3.500 kg bestehen, sofern die die zulässige Gesamtmasse der Fahrzeugkombination 12.000 kg nicht übersteigt.
C	Kraftfahrzeuge, ausgenommen Kraftfahrzeuge der Klassen AM, A1, A2, A, D1 und D, mit einer zulässigen Gesamtmasse von mehr als 3.500 kg, die zur Beförderung von nicht mehr als acht Personen außer dem Fahrzeugführer ausgelegt und gebaut sind (auch mit Anhänger

3.8 Verordnung über die Zulassung

Tabelle 2: *Fahrerlaubnisklassen – Fortsetzung*

Fahrerlaubnisklasse	(Auszug aus § 6 FeV)
	mit einer zulässigen Gesamtmasse von nicht mehr als 750 kg).
CE	Fahrzeugkombination, die aus einem Zugfahrzeug der Klasse D1 und einem Anhänger mit einer zulässigen Gesamtmasse von mehr als 750 kg bestehen.
D1	Kraftfahrzeuge, ausgenommen Kraftfahrzeuge der Klassen AM, A1, A2, A, die zur Beförderung von nicht mehr als 16 Personen außer dem Fahrzeugführer ausgelegt und gebaut sind und deren Länge nicht mehr als 8 m beträgt (auch mit Anhänger mit einer zulässigen Gesamtmasse von nicht mehr als 750 kg).
D1E	Fahrzeugkombinationen, die aus einem Zugfahrzeug der Klasse D1 und einem Anhänger mit einer zulässigen Gesamtmasse von mehr als 750 kg bestehen.

3 Die Fahrt mit Sonder- und Vorrangrechten

Tabelle 2: *Fahrerlaubnisklassen – Fortsetzung*

Fahrerlaubnisklasse	(Auszug aus § 6 FeV)
D	Kraftfahrzeuge, ausgenommen Kraftfahrzeuge der Klassen AM, A1, A2, A, die zur Beförderung von mehr als acht Personen außer dem Fahrzeugführer ausgelegt und gebaut sind (auch mit Anhänger mit einer zulässigen Gesamtmasse von nicht mehr als 750 kg)
DE	Fahrzeugkombinationen, die aus einem Zugfahrzeug der Klasse D und einem Anhänger mit einer zulässigen Gesamtmasse von mehr als 750 kg bestehen.

Nach § 6 Abs. 3 FeV gelten darüber hinaus die Fahrerlaubnisse wie folgt:
1. die Fahrerlaubnis der Klasse A zum Führen von Fahrzeugen der Klassen AM, A1 und A2 (gilt nicht für eine Fahrerlaubnis der Klasse A, die unter Verwendung der Schlüsselzahl 79.03 oder 79.04 erteilt worden ist),
2. die Fahrerlaubnis der Klasse A2 zum Führen von Fahrzeugen der Klassen A1 und AM,
3. die Fahrerlaubnis der Klasse A1 zum Führen von Fahrzeugen der Klasse AM

3.8 Verordnung über die Zulassung

4. die Fahrerlaubnis der Klasse B zum Führen von Fahrzeugen der Klassen AM und L,
5. die Fahrerlaubnis der Klasse C zum Führen von Fahrzeugen der Klasse C1,
6. die Fahrerlaubnis der Klasse CE zum Führen von Fahrzeugen der Klassen C1E, BE und T sowie DE, sofern er zum Führen von Fahrzeugen der Klasse D berechtigt ist,
7. die Fahrerlaubnis der Klasse C1E zum Führen von Fahrzeugen der Klassen BE sowie D1E, sofern der Inhaber zum Führen von Fahrzeugen der Klasse D1 berechtigt ist,
8. die Fahrerlaubnis der Klasse D zum Führen von Fahrzeugen der Klasse D1,
9. die Fahrerlaubnis der Klasse D1E zum Führen von Fahrzeugen der Klasse BE,
10. die Fahrerlaubnis der Klasse DE zum Führen von Fahrzeugen der Klassen D1E und BE,
11. die Fahrerlaubnis der Klasse T zum Führen von Fahrzeugen der Klassen AM und L.

Nach § 6 Abs. 4a FeV berechtigt eine Fahrerlaubnis der Klasse C1 auch zum Führen von Fahrzeugen mit einer zulässigen Gesamtmasse von mehr als 3500 kg, aber nicht mehr als 7500 kg, wenn diese zur Beförderung von nicht mehr als acht Personen außer dem Fahrzeugführer ausgelegt und gebaut sind und insbesondere folgende, für die Genehmigung der Fahrzeugtypen maßgebliche, besondere Zweckbestimmung besitzen:

- Einsatzfahrzeuge der Feuerwehr,
- Einsatzfahrzeuge der Polizei,

3 Die Fahrt mit Sonder- und Vorrangrechten

- Einsatzfahrzeuge der nach Landesrecht anerkannten Rettungsdienste,
- Einsatzfahrzeuge des Technischen Hilfswerks,
- Einsatzfahrzeuge sonstiger Einheiten des Katastrophenschutzes,
- Krankenkraftwagen,
- Notarzteinsatz- und Sanitätsfahrzeuge.

3.8.2 Geltungsdauer der Fahrerlaubnis

Nach § 23 Abs. 1 S. 1FeV wird die Fahrerlaubnis der Klassen AM, A1, A2, A, B, BE,, L und T unbefristet erteilt.

Hingegen wird die Fahrerlaubnis der Klassen C1, C1E, C, CE, D1, D1E, D und DE für längstens fünf Jahre erteilt. Dabei ist Grundlage für die Bemessung der Geltungsdauer das Datum des Tages, an dem die Fahrerlaubnisbehörde den Auftrag zur Herstellung des Führerscheins erteilt. Anfang und Ende der Geltungsdauer werden hinter der jeweilige Fahrerlaubnisklasse im Führerschein vermerkt. Die eingeschränkte Geltungsdauer der oben genannten Fahrerlaubnisklassen führt zu entsprechenden Prüfungspflichten durch den Leiter der Feuerwehr oder einen von ihm Beauftragten[162].

---

162 Siehe oben 3.7.1.2 Der Halter

3.8 Verordnung über die Zulassung

3.8.3 Der »Feuerwehrführerschein« nach § 2 Abs. 10 a StVG

Durch § 2 Abs 10a StVG kann die nach Landesrecht zuständige Behörde Angehörigen der Freiwilligen Feuerwehren, der nach Landesrecht anerkannten Rettungsdienste, des Technischen Hilfswerks und sonstiger Einheiten des Katastrophenschutzes, die ihre Tätigkeit ehrenamtlich ausüben, Fahrberechtigungen zum Führen von Einsatzfahrzeugen auf öffentlichen Straßen bis zu einer zulässigen Gesamtmasse von 4,75 t – auch mit Anhängern, sofern die zulässige Gesamtmasse der Kombination 4,75 t nicht übersteigt – erteilen.

Der Bewerber um die Fahrberechtigung muss
- mindestens seit zwei Jahren eine Fahrerlaubnis der Klasse B besitzen,
- in das Führen von Einsatzfahrzeugen bis zu einer zulässigen Gesamtmasse von 4,75 t eingewiesen worden sein und
- in einer praktischen Prüfung seine Befähigung nachgewiesen haben.

Die Fahrberechtigung gilt im gesamten Hoheitsgebiet der Bundesrepublik Deutschland zur Aufgabenerfüllung der in Satz 1 genannten Organisationen oder Einrichtungen.

Die Sätze 1 bis 3 gelten entsprechend für den Erwerb der Fahrberechtigung zum Führen von Einsatzfahrzeugen bis zu einer zulässigen Gesamtmasse von 7,5 t – auch mit Anhängern, sofern die zulässige Gesamtmasse der Kombination 7,5 t nicht übersteigt.

3 Die Fahrt mit Sonder- und Vorrangrechten

Die Regelungen des § 2 Abs. 10 a StVG über das Führen schwererer Fahrzeuge der Freiwilligen Feuerwehren, der von den Ländern anerkannten Rettungsdienste, des Technischen Hilfswerks und der sonstigen Einheiten des Katastrophenschutzes gelten nur für diejenigen Mitglieder, die ihren Dienst ehrenamtlich ausüben. Angehörigen der Berufsfeuerwehren oder sonstige hauptamtliche tätige Mitarbeiter der genannten Institutionen können eine derartige Fahrberechtigung nicht erwerben.

Die Vorschrift unterscheidet zwei Klassen des sogenannten Feuerwehrführerscheins:

- Fahrzeuge mit einer zulässigen Gesamtmasse bis 4,75 t
- Fahrzeuge mit einer zulässigen Gesamtmasse bis 7,5 t

In beiden Fällen gilt, dass auch ein Anhänger gezogen werden darf, wenn die jeweilige Gesamtmasse nicht überschritten wird.

Wer zur Einweisung oder zur Ablegung der Prüfung nach § 2 Abs 10a StVG ein entsprechendes Einsatzfahrzeug auf öffentlichen Straßen führt, muss von einem Fahrlehrer im Sinne des Fahrlehrergesetzes oder abweichend von einem Angehörigen der Feuerwehr oder in Absatz 10a Satz 1 genannten Organisationen oder Einrichtungen begleitet werden. Voraussetzung ist nach § 2 Abs. 16 StVG, dass dieser

- das 30. Lebensjahr vollendet hat,
- mindestens seit fünf Jahren eine gültige Fahrerlaubnis der Klasse C1 besitzt und
- zum Zeitpunkt der Einweisungs- und Prüfungsfahrten im Fahreignungsregister mit nicht mehr als zwei Punkten belastet ist.

3.8 Verordnung über die Zulassung

Nach § 2 Abs. 15 Satz 2 StVG gilt bei diesen Fahrten im Sinne dieses Gesetzes der Fahrlehrer bzw. der begleitende Feuerwehr- oder Organisationsangehörige als Führer des Kraftfahrzeugs, wenn der Kraftfahrzeugführer keine entsprechende Fahrerlaubnis besitzt. Auch die Fahrprüfung für die Befähigung zum Führen von Einsatzfahrzeugen der in Absatz 10a Satz 1 genannten Organisationen oder Einrichtungen kann von den Personen, die die Voraussetzungen für die Begleitung der Einweisungs- und Prüfungsfahrten nach § 2 Abs. 16 StVG erfüllen, abgenommen werden. Die Fahrberechtigung gilt ausschließlich für Einsatzfahrzeuge der genannten Institutionen im gesamten Bundesgebiet, allerdings nur im Rahmen der Erfüllung ihrer Aufgaben.

Folgende Bundesländer haben von der Ermächtigung eines »Feuerwehrführerscheins« gebrauch gemacht:
- Baden-Württemberg[163]
- Bayern[164]
- Brandenburg[165]

---

163 Verordnung vom 23.10.2012 GBl. 2012,556, zuletzt geändert durch Verordnung vom 23,02.2017 GBl. 99, 121
164 Bayerische Fahrberechtigungsverordnung (FBerV) vom 8. Oktober 2009 (GVBl. S. 510, BayRS 9210-8-I), die zuletzt durch § 12 der Verordnung vom 14. Oktober 2014 (GVBl. S. 450) geändert worden ist
165 Verordnung über die Erteilung einer Fahrberechtigung an Angehörige der Freiwilligen Feuerwehren, des Technischen Hilfswerks und sonstiger Einheiten des Katastrophenschutzes (Fahrberechtigungsverordnung - FahrBV) vom 8. Februar 2018(GVBl.II/18, [Nr. 14])

3 Die Fahrt mit Sonder- und Vorrangrechten

- Bremen[166]
- Hessen[167]
- Mecklenburg-Vorpommern[168]
- Niedersachsen[169]

---

[166] Verordnung über die Erteilung von Fahrberechtigungen an ehrenamtlich tätige Angehörige der Freiwilligen Feuerwehren, der anerkannten Rettungsdienste, des Technischen Hilfswerks sowie sonstiger Einheiten und Einrichtungen des Katastrophenschutzes (Fahrberechtigungsverordnung - FahrBV) vom 4. Juni 2013 (Brem.GBl. 2013, 242)«

[167] Hessische Verordnung zur Erteilung einer Fahrberechtigung an ehrenamtlich tätige Angehörige der Freiwilligen Feuerwehren, der anerkannten Rettungsdienste, des Technischen Hilfswerks und der sonstigen Einheiten des Katastrophenschutzes (Hessische Fahrberechtigungsverordnung – HFbV) Vom 16. Februar 2012 (GVBl. I S. 22)

[168] Verordnung über die Erteilung von Fahrberechtigungen zum Führen von Einsatzfahrzeugen für die Mitglieder der Freiwilligen Feuerwehren, der Rettungsdienste, des Technischen Hilfswerks und sonstiger Einheiten des Katastrophenschutzes (Fahrberechtigungsverordnung - FahrBVO M-V) Vom 27. Juni 2013 GVOBl. M-V 2013, S. 438

[169] Verordnung über die Erteilung von Fahrberechtigungen an ehrenamtlich tätige Angehörige der Freiwilligen Feuerwehren, der anerkannten Rettungsdienste, des Technischen Hilfswerks sowie sonstiger Einheiten und Einrichtungen des Katastrophenschutzes (Fahrberechtigungsverordnung - FahrBVO) vom 5. Juli 2011

3.8 Verordnung über die Zulassung

- Rheinland-Pfalz[170]
- Saarland[171]
- Sachsen[172]
- Schleswig-Holstein[173]

---

170 Landesverordnung über die Erteilung von Fahrberechtigungen zum Führen von Einsatzfahrzeugen der Freiwilligen Feuerwehren, der nach Landesrecht anerkannten Rettungsdienste und der technischen Hilfsdienste (Fahrberechtigungsverordnung Rheinland-Pfalz - FbLVO -) vom 9. April 2011 geändert durch Artikel 1 der Verordnung vom 12.09.2012 (GVBl. S. 316)

171 Verordnung zur Erteilung einer Fahrberechtigung an Angehörige der Freiwilligen Feuerwehren, der nach Landesrecht anerkannten Rettungsdienste, des Technischen Hilfswerks und sonstiger Einheiten des Katastrophenschutzes (Saarländische Fahrberechtigungsverordnung - SFBerVO) vom 16. November 2012 geändert durch die Verordnung vom 21. Juni 2016 (Amtsbl. I S. 554)

172 Verordnung der Sächsischen Staatsregierung über die Erteilung von Fahrberechtigungen zum Führen von Einsatzfahrzeugen der Freiwilligen Feuerwehren, der nach Landesrecht anerkannten Rettungsdienste, des Technischen Hilfswerkes und sonstiger Einheiten des Katastrophenschutzes (Sächsische Fahrberechtigungsverordnung – SächsFahrbVO) vom 30. August 2011

173 Landesverordnung über die Erteilung von Fahrberechtigungen an ehrenamtlich tätige Angehörige der Freiwilligen Feuerwehren, der anerkannten Rettungsdienste, des Technischen Hilfswerks und sonstiger Einheiten des Katastrophenschutzes (Fahrberechtigungsverordnung - FahrbVO) vom 15. September 2011 GVOBl. 2011 260

3.8.4 Ausnahmen von der Fahrerlaubnisverordnung

Nach § 74 Abs. 1 bis 4 können die nach Landesrecht zuständigen Behörden in bestimmten Einzelfällen, oder allgemein für bestimmte einzelne Antragsteller, Ausnahmen von den Vorschriften dieser Verordnung genehmigen.

Von besonderer Bedeutung ist daneben die allgemeine Ausnahmeregelung für die Feuerwehr, die dem Wortlaut des § 35 Abs. 1 StVO gleicht. Nach § 74 Abs. 5 FeV sind die Bundeswehr, die Polizei, die Bundespolizei, die Feuerwehr und die anderen Einheiten und Einrichtungen des Katastrophenschutzes sowie der Zolldienst von den Vorschriften der FeV befreit, soweit dies zur Erfüllung hoheitlicher Aufgaben unter gebührender Berücksichtigung der öffentlichen Sicherheit und Ordnung dringend geboten ist.

Besonders zu berücksichtigen ist dabei stets der Gesichtspunkt der öffentlichen Sicherheit und Ordnung. Anders als die in § 74 Abs. 1 bis 4 geregelten Ausnahmen bedarf es bei der Befreiung nach Abs. 5 keiner vorherigen behördlichen Entscheidung. Die entsprechende Institution entscheidet vielmehr ebenso, wie bei den Sonderrechten nach § 35 Abs. 1 StVO, selbständig, ob sie sich im Einzelfall über die Regelungen der Verordnung hinwegsetzen darf. Zulässig ist die Inanspruchnahme einer Befreiung nur bei Vorliegen eines dringenden Bedürfnisses. Das ist dann anzunehmen, wenn eine Ausnahme durch die Straßenverkehrsbehörde wegen der Eilbedürftigkeit der Sache nicht mehr rechtzeitig erteilt werden kann und der Einsatz hoheitlichen Zwecken dient. Damit ist eine Situation umschrieben, die regelmäßig auch unter den Tatbestand des rechtfertigenden Notstands im Sinne von § 34 StGB fällt. Dabei muss ein strenger Maßstab angelegt werden.

Es muss eine Ausnahmeregel bleiben. Muss ein Einsatzfahrzeug von einer Person geführt werden, die nicht im Besitz der entsprechenden Fahrerlaubnis ist, ist das nach § 74 Abs. 5 FeV gerechtfertigt, wenn ein Inhaber der entsprechenden Erlaubnis unerwartet und nicht vorhersehbar nicht zur Verfügung steht. Ist dies hingegen der Regelfall, ist von einem Organisationsverschulden des Trägers des Feuerschutzes auszugehen. Insbesondere finanzielle Erwägungen, um sich die Kosten für Ausbildung und Prüfung entsprechender Fahrzeugführer sparen zu wollen, können eine Befreiung nicht rechtfertigen.

Muss in einer Notstandslage ein Fahrzeug ohne die erforderliche Fahrerlaubnis geführt werden, so muss allerdings der Fahrer körperlich, geistig und technisch in der Lage sein, das Fahrzeug sicher zu führen[174].

3.9 Die Fahrzeug-Zulassungsverordnung - FZV

Nach § 1 der FZV ist die Verordnung auf die Zulassung von Kraftfahrzeugen mit einer bauartbedingten Höchstgeschwindigkeit von mehr als 6 km/h und die Zulassung ihrer

---

174 Vgl. insoweit das Beispiel in Fischer, Rechtsfragen beim Feuerwehreinsatz 8.1.3.1

Anhänger anzuwenden. Diese Höchstgeschwindigkeit, ist nach § 30a Abs. 1 StVZO, die Geschwindigkeit, die von einem Kfz nach seiner vom Hersteller konstruktiv vorgegebenen Bauart oder infolge der Wirksamkeit zusätzlicher technischer Maßnahmen auf ebener Bahn bei bestimmungsgemäßer Benutzung nicht überschritten werden kann. Nach § 3 Abs. 1 FZV dürfen auf öffentlichen Straßen Fahrzeuge nur in Betrieb gesetzt werden, wenn sie zum Verkehr zugelassen sind. Diese Zulassung wird auf Antrag erteilt, wenn das Fahrzeug einem genehmigten Typ entspricht oder eine Einzelgenehmigung erteilt ist und eine dem Pflichtversicherungsgesetz entsprechende Kraftfahrzeug-Haftpflichtversicherung besteht. Die Zulassung erfolgt durch Zuteilung eines Kennzeichens, Abstempelung der Kennzeichenschilder und Ausfertigung einer Zulassungsbescheinigung.

3.9.1 Ausnahmen für Anhänger

Eine Ausnahme von der Zulassungspflicht besteht nach § 3 Abs. 2 Nr. 2 Buchstabe g und e der FZV für Anhänger für den Einsatzzweck der Feuerwehren und des Katastrophenschutzes. Diese genannten Anhänger sind zulassungsfrei, aber betriebserlaubnispflichtig (§ 4 Abs. 1 FZV). Sie müssen ein Wiederholungskennzeichen haben, das der Halter des Zugfahrzeuges für eines seiner Zugfahrzeuge führen darf (§ 10 Abs. 8 FZV).

Eine weitere Ausnahme besteht nach § 3 Abs. 2 Nr. 2 Buchstabe e FZV für Spezialanhänger zur Beförderung von

3.9 Die Fahrzeug-Zulassungsverordnung - FZV

Rettungsbooten des Rettungsdienstes oder Katastrophenschutzes, wenn die Anhänger ausschließlich für solche Beförderungen verwendet werden.

Auch die zulassungsfreien Anhänger der Feuerwehren, des Katastrophenschutzes und die Spezialanhänger für Rettungsboote sind darüber hinaus – jedoch ohne Auswirkung auf die Zulassungsfreiheit – mit Geschwindigkeitsschildern nach § 58 Abs. 3 Nr. 2 StVZO zu kennzeichnen. Bei diesen Anhängern muss die Betriebserlaubnis nicht mitgeführt werden (§ 4 Abs. 5 S. 2 FZV).

3.9.2 Halterverantwortlichkeit

Auch bei Einsatzfahrzeugen ist der Halter in der Pflicht. Nach § 3 Abs. 4 FZV darf er die Inbetriebnahme eines nach Absatz 1 zulassungspflichtigen Fahrzeugs nicht anordnen oder zulassen, wenn das Fahrzeug nicht zugelassen ist.

3.9.3 Sonderrechte

Ebenso wie in den §§ 35 Abs. 1 StVO, 70 Abs. 4 StVZO, 74 Abs. 5 FeV gibt es auch in der FZV Sonderrechte für Bundeswehr, die Polizei, die Bundespolizei, die Feuerwehr, das Technische Hilfswerk und die anderen Einheiten und Einrichtungen des Katastrophenschutzes und den Zolldienst. Diese sind nach § 47 Abs. 4 FZV von den Vorschriften dieser Verordnung befreit, soweit dies zur Erfüllung hoheitlicher Aufgaben unter gebührender Berücksichtigung der öffentlichen Sicherheit und Ordnung dringend geboten ist. So ist es im Einzelfall, wenn dies dringend geboten ist, auch möglich, mit einem noch nicht oder nicht mehr zugelassenen Fahrzeug zu fahren. Die Voraussetzungen an die Dringlichkeit sind die gleichen wie bei § 35 StVO. Das Hinwegsetzen über die Zulassungspflicht muss für den Einsatzerfolg erforderlich sein. Auch hier ist zu beachten, dass es sich um eine Ausnahmevorschrift handelt. Die planmäßige Verwendung nicht zugelassener Fahrzeuge wird damit nicht gerechtfertigt.

3.10 Spezielle landesrechtliche Vorschriften und Vorgaben

In einigen Bundesländern existieren spezielle landesrechtliche Vorgaben für das Führen von Einsatzfahrzeugen der Feuerwehr bzw. über die Ausstattung von Fahrzeugen mit blauem Blinklicht und Einsatzhorn. Beispielhaft können folgende genannt werden:

- Anwendungshinweise des Bayerischen Staatsministeriums des Innern zum Vollzug der Straßenverkehrs-Ordnung, der Blaulichterlass Niedersachsen,
- Hessische Anwendungshinweise – Sondersignalanlagen an Privatfahrzeugen von Angehörigen des Brandschutzaufsichtsdienstes der Landkreise
- Blaulichterlass NRW

Die jeweiligen länderspezifischen Regelungen sollten in jedem Fall beachtet werden.

3.11 Sonderfragen

3.11.1 Blockierte Einsatzwege

Ein großes Problem sind blockierte Einsatzwege, insbesondere durch abgestellte Fahrzeuge. Vielen Verkehrsteilnehmern ist nicht bewusst, dass das Abstellen von Fahrzeugen auch außerhalb von Park- oder Halteverboten gegen die StVO verstoßen kann. Gerade in Wohngebieten drängt sich der Eindruck häufig auf, dass die Anwohner in Unkenntnis des § 12 Abs. 1 Nr. 1 StVO durch falsches Parken die Fahrbahn so verengen, dass die ungehinderte Zufahrt von Feuerwehr und Rettungsdienst erheblich erschwert bzw. unmöglich gemacht wird. Nach § 12 Abs. 1 Nr. 1 StVO ist nicht nur das Parken, sondern schon das Halten an engen und unübersichtlichen Straßenstellen unzulässig.

Eng ist eine Straßenstelle, wenn der neben dem parkenden Fahrzeug zur Durchfahrt freibleibende Raum einem Fahrzeug mit der regelmäßig höchstzulässigen Breite (2,50 m, ausnahmsweise 3 m: § 32 Abs. 1 Nr. 1 StVZO) nicht die Einhaltung eines Sicherheitsabstandes von 0,50 m ermöglicht und damit ein gefahrloses Vorbeifahren erschwert[175]. Das haltende Fahrzeug muss demnach eine Fahrbahnbreite von 3 bis 3,50 m zuzüglich eines etwa erforderlichen Abstandes des durchfahrenden Fahrzeugs zum gegenüberliegenden Fahrbahnrand freihal-

---

175 Ständige Rechtsprechung vgl. z. B. OLG Düsseldorf NZV 2000, 339

ten[176]. Problematisch für die Feuerwehr ist allerdings, dass in Straßen, in denen ein Durchfahrtsverbot für Lkw besteht, nicht mit diesen gerechnet werden muss, sodass haltende oder parkende Fahrzeuge nur einen entsprechend geringeren Durchfahrtsraum freilassen müssen[177]. Wer sein Fahrzeug verbotswidrig und mithin rechtswidrig so abstellt, dass dadurch auf einer Straße eine für Feuerwehr und Rettungsdienst unpassierbare Engstelle entsteht, darf nicht nur abgeschleppt werden, sondern muss auch die Kosten hierfür tragen[178]. Im noch zur Einsatzstelle gehörenden Bereich ist es nach den Brandschutzgesetzen der Bundesländer möglich, die Fahrer von störenden Fahrzeugen anzuweisen, diese aus dem Weg zu fahren[179] oder, wenn diese nicht anwesend sind, die Fahrzeuge im Wege des Sofortvollzuges[180] beiseite zu schieben. Auf dem Weg zur Einsatzstelle kann sich das Recht, solche Hindernisse zu beseitigen, aus dem Gesichtspunkt des rechtfertigenden Notstandes ergeben[181]. Entsteht hierbei ein Schaden, so hat der Eigentümer des beschädigten Fahrzeugs keinen Schadensersatzanspruch, da er rechtswidrig die Gefahrenlage herbeigeführt hat. Dies gilt selbstverständlich nur, wenn die Voraussetzungen des rechtfertigenden Notstandes vorlagen.

---

176 OLG Düsseldorf a.a.O.
177 OLG Koblenz v 4.6.91, 1 Ss 162/91
178 VG Koblenz 14.07.2017 (Az.: 5 K 520/17.KO)
179 Vgl. Fischer, Rechtsfragen beim Feuerwehreinsatz 3.2.4
180 Vgl. Fischer, Rechtsfragen beim Feuerwehreinsatz 3.1.2 und 3.2.7.2.3
181 Vgl. Fischer, Rechtsfragen beim Feuerwehreinsatz 8.1.3.1

3.11 Sonderfragen

3.11.2 Nutzung von Telefon sowie Funk-, Navigations- und sonstigen elektronischen Geräten

§ 23 Abs. 1 a StVO verbietet es, ein elektronisches Gerät, das der Kommunikation, Information oder Organisation dient oder zu dienen bestimmt ist, zu benutzen, wenn hierfür das Gerät aufgenommen oder gehalten wird. Ansonsten ist die Nutzung nur dann erlaubt, wenn entweder eine Sprachsteuerung und Vorlesefunktion genutzt wird oder zur Bedienung und Nutzung des Gerätes nur eine kurze, den Straßen-, Verkehrs-, Sicht- und Wetterverhältnissen angepasste Blickzuwendung zum Gerät bei gleichzeitig entsprechender Blickabwendung vom Verkehrsgeschehen erfolgt oder erforderlich ist. Diese Vorschrift ist sehr ernst zu nehmen. Die Nutzung insbesondere von Mobiltelefonen ohne Freisprecheinrichtung in Fahrzeugen hat sich mittlerweile zu einer bedeutenden Unfallursache für schwere Verkehrsunfälle entwickelt. Bei Einsatzfahrten besteht dennoch grundsätzlich über § 35 Abs. 1 StVO bzw. beim Rettungsdienst über § 35 Abs. 5 a StVO auch eine Befreiung von § 23 Abs. 1 a StVO. Hinzu kommen jedoch Sonderregeln für den BOS-Funk.

3.11.2.1 BOS-Funk

Etwas systemwidrig regelt seit Oktober 2017 nunmehr § 35 Abs. 9 StVO die Nutzung von BOS Funkgeräten, nämlich für den Fall, wenn Sonderrechte nach § 35 StVO gerade nicht gegeben sind. Wer ohne Beifahrer ein Einsatzfahrzeug der Behörden und Organisationen mit Sicherheitsaufgaben (BOS) führt und zur Nutzung des BOS-Funks berechtigt ist, darf auch ohne Sonderrechte nach den Absätze 1 und 5a abweichend von § 23 Absatz 1a StVO ein Funkgerät oder das Handteil eines Funkgerätes aufnehmen und halten. Die Vorschrift befreit also gerade dann von dem Verbot des § 23 Abs. 1a StVO, wenn die Voraussetzungen für Sonderrechte nach § 35 Abs. 1 und Abs. 5a StVO nicht vorliegen. Die Vorschrift gilt ausschließlich für BOS-Funk und bei Fahrten ohne Beifahrer. Sie ist nicht auf andere elektronischen Geräte im Sinne des § 23 Abs. 1a StVO übertragbar.

3.11.2.2 Nutzung von Mobiltelefonen

Die Nutzung von Mobiltelefonen ist nur mit Freisprecheinrichtungen und Sprachsteuerung entsprechend § 23 Abs. 1 a StVO erlaubt. Auch wenn hier eine Befreiung bei einer Einsatzfahrt nach § 35 Abs. 1 bzw. Abs. 5a StVO denkbar ist, wird von der Nutzung von Mobiltelefonen durch den Fahrer während einer solchen Fahrt dringend abgeraten. Das Unfallrisiko ist derart hoch, dass sich eine solche Nutzung kaum mit den hohen Anforderungen an die Sorgfaltspflicht, die an den Fahrer eines Eisatzfahrzeuges mit Sonderrechten gestellt werden, vereinbaren lässt.

3.11.2.3 Nutzung von Navigationsgeräten und Tablets

Die Ausführungen für Mobiltelefone gelten gleichfalls für Tablets. Jede Art der Benutzung während der Fahrt und ohne

3.11 Sonderfragen

Freisprecheinrichtung ist untersagt, soweit das Gerät aufgenommen oder in der Hand gehalten wird. Die Nutzung des Gerätes ist ansonsten nur zulässig, wenn ausschließlich eine kurze, den Straßen-, Verkehrs-, Sicht- und Wetterverhältnissen angepasste Blickzuwendung zum Gerät bei gleichzeitig entsprechender Blickabwendung vom Verkehrsgeschehen erfolgt.

3.11.2.4 Nutzung von Dash-Cams

Gerade bei Einsatzfahrzeugen mit einem höheren durchschnittlichen Unfallrisiko erscheint es angezeigt, diese mit sogenannten Dash-Cams auszurüsten. Doch hier sind datenschutzrechtliche Grundsätze zu beachten. Die permanente und anlasslose Aufzeichnung des Verkehrsgeschehens ist mit den datenschutzrechtlichen Regelungen nicht vereinbar[182]. Allerdings ist die Verwertung von so genannten Dashcam-Aufzeichnungen, die ein Unfallbeteiligter vom Unfallgeschehen gefertigt hat, als Beweismittel im Unfallhaftpflichtprozess dennoch zulässig[183]. Werden die Aufzeichnungen der Dash-Cam ständig automatisch nach kurzen Zeitintervallen überspielt und nur im Falle eines Unfalls oder einer starken Verzögerung des Fahrzeugs abgespeichert, bestehen auch nach der DSGVO keine datenschutzrechtlichen Einwände gegen eine

---

182 Strauß, NZV 2018, 554
183 BGH NJW 2018, 2883

3 Die Fahrt mit Sonder- und Vorrangrechten

Verwendung[184]. Optimal für die Beweissicherung ist dann noch ein gleichzeitig eingebauter Unfalldatenschreiber.

3.12 Ausbildung

Fahrer von Einsatzfahrzeugen bedürfen einer besonderen Ausbildung, um verantwortungsvoll Fahrzeuge mit Sonderrechten fahren zu können.

Die Ausbildung muss einen theoretischen Teil und einen praktischen Teil umfassen und sollte im Mindestmaß folgende Bereiche abdecken:

- Sonderrechte nach § 35 StVO
- Vorrangrechte nach § 38 StVO
- Verhalten bei Unfällen
- Fahrphysik und die Besonderheiten bei Großfahrzeugen der Feuerwehr
- Fahrpsychologische Grundlagen
- eine Einweisung auf die zu führenden Fahrzeuge[185] mit einer Einweisungsfahrt

Dies wird optimalerweise ergänzt durch ein Fahrsicherheitstraining. In diesem können fahrphysikalische Erkenntnisse praktisch umgesetzt und das richtige Verhalten in Gefahrsituationen trainiert werden. Dies gilt insbesondere, wenn auf dem Übungsgelände durch technische Maßnahmen unter-

---

184 Ahrens NJW 2018, 2387
185 Vgl dazu Thorns, Einsatz- und Geländefahrten 4.1.1

3.12 Ausbildung

schiedliche Straßenzustände simuliert werden können um dann

- Bremsen auf glattem und griffigem Belag auf der Geraden
- Bremsen im Gefälle, in Kurven und auf einseitig glatter Fahrbahn
- Ausweichmanöver und Kurven fahren

zu üben und die Wirkungsweise von ABS, ESP und anderen fahrdynamischen technischen Unterstützungssystemen und ihre Grenzen kennenzulernen und praktisch zu erfahren. Keinesfalls darf das Training dahingehend missverstanden werden, dass man hier lernt, in Grenzbereiche vorzustoßen, um schneller fahren zu können.

Durchaus gleichwertig sind heute entsprechend hochwertige computerunterstützte Fahrsimulatoren. Sowohl ein Fahrsicherheitstraining als auch die Schulung am Simulator werden in vielen Bundesländern für die ehrenamtlichen Kräfte von den Trägern der gesetzlichen Unfallversicherung gefördert.

4 Zivilrechtliche Haftung

Wenn von Haftung die Rede ist, werden häufig die zivilrechtliche Haftung und die strafrechtliche Verantwortlichkeit nicht ausreichend unterschieden und bekanntgewordene Entscheidungen dann falsch interpretiert.

Unter der zivilrechtlichen Haftung versteht man nach einem Unfall mit einem Einsatzfahrzeug die Frage, wer, warum, weshalb und in welchem Umfang verpflichtet ist, Schadenersatz zu leisten. Für die Frage nach dieser Haftung gibt es unterschiedliche Rechtsvorschriften mit unterschiedlichen Voraussetzungen, was den Überblick für juristische Laien schwierig macht.

4.1 Die Gefährdungshaftung nach § 7 StVG

Nach § 7 StVG haftet der Halter eines Kraftfahrzeuges oder Anhängers für Schäden, die bei einem Unfall entstanden sind. Auch wenn der Schaden ohne jedwedes Verschulden des Fahrers entstanden ist, besteht eine Haftung des Halters. Dies erzeugt oft Irritationen (»Ich kann doch gar nichts für den Unfall. Ich habe keine Schuld«).

Als Unfall ist ein plötzlich eintretendes Ereignis zu sehen, welches Schäden an Menschen und Sachen verursacht. Voraussetzung für die Haftung nach den §§ 7 ff StVG ist, dass der Schaden »bei dem Betrieb« des Kraftfahrzeuges oder Anhän-

4.1 Die Gefährdungshaftung nach § 7 StVG

gers oder der aus beiden bestehenden Betriebseinheit entstanden ist, also dem Betrieb zuzurechnen ist. Ein Kraftfahrzeug ist in Betrieb, wenn sich die von ihm selbst ausgehende Gefahr auf den Schadensablauf ausgewirkt hat. Der Schaden muss also in irgendeiner Weise durch das Kraftfahrzeug mitgeprägt worden sein, um die Haftung auszulösen. Nach der nunmehr herrschenden verkehrstechnischen Auffassung genügt insofern ein naher zeitlicher und örtlich ursächlicher Zusammenhang mit einem bestimmten Betriebsvorgang oder einer bestimmten Betriebseinrichtung des Kraftfahrzeuges.

Einigkeit in der höchstrichterlichen Rechtsprechung besteht darüber, dass sich ein Kraftfahrzeug auch dann in Betrieb befindet, wenn es ordnungswidrig abgestellt oder geparkt ist. Gleiches wird für im Einsatzbereich stehende Einsatzfahrzeuge gelten, die lediglich aufgrund ihrer Sonderrechte nach § 35 StVO nicht ordnungswidrig halten. Kommt es dann zu einem Unfall mit einem auffahrenden Fahrzeug, so besteht daher zunächst grundsätzlich auch ein Anspruch gegen den Halter des Einsatzfahrzeugs aus § 7 StVG.

Zwischen dem Kraftfahrzeug- oder Anhängerbetrieb und dem Schaden muss ein adäquater Ursachenzusammenhang, ein enger rechtlicher Zurechnungszusammenhang bestehen. Die Gefährdungshaftung greift dabei für jeden ursächlich mit dem Kraftfahrzeugbetrieb zusammenhängenden Unfall auch außerhalb des öffentlichen Verkehrsraumes. Es kommt nur darauf an, dass der Unfall in einem nahen örtlichen oder zeitlichen Zusammenhang mit einem bestimmten Betriebsvorgang oder einer bestimmten Betriebseinrichtung des Fahrzeuges steht. Entscheidend ist, dass die Schadenfolge in den Bereich der Gefahren fällt, der durch § 7 StVG gerade geschützt werden soll. Das kann z. B. bei einem Pferd der Fall sein, wenn dieses auf einem unmittelbar an der Straße entlangführenden Reitweg aufgrund des eingeschalteten Einsatzhornes schreckt und den Reiter abwirft. Dieser hat sich dann aber die sogenannte »Tiergefahr« des Pferdes nach § 833 BGB auf die Höhe seines Ersatzanspruches anrechnen zu lassen. Nicht mehr der Betriebsgefahr zurechenbar wird jedoch sein, wenn sich auf einer Wiese Pferde verletzen, die aufgrund eines Fahrzeuges mit eingeschalteter Sondersignalanlage scheuen.

Der Anspruch aus Gefährdungshaftung ist nach § 7 Abs. 2 StVG ausgeschlossen, wenn der Unfall durch höhere Gewalt verursacht wird. Höhere Gewalt liegt nur dann vor, wenn

- ein außergewöhnliches, betriebsfremdes, von außen durch elementare Naturkräfte oder durch Handlungen dritter Personen herbeigeführtes Ereignis den Schaden herbeigeführt hat und
- dies nach menschlicher Einsicht und Erfahrung unvorhersehbar war und
- auch durch äußerste, nach der jeweiligen Sachlage vernünftigerweise zu erwartender Sorgfalt nicht abgewendet werden konnte.

Voraussetzung ist immer, dass die elementaren Naturkräfte oder das Handeln eines Dritten ausschließlich von außen als betriebsfremde Ereignisse einwirken. Schon die geringste Verletzung der eigenen Sorgfaltspflichten, sei es durch den Halter oder den Fahrer des Fahrzeugs, schließen die höhere Gewalt aus, sofern dies für den Unfall mitursächlich ist.

Der Haftungsausschluss ist nach § 7 Abs. 2 StVG nur auf extreme Ausnahmesituationen beschränkt, wie z. B. plötzlich hereinbrechende Naturkatastrophen oder Handlungen Dritter, auf die man sich nicht einstellen oder vorbereiten kann und die auch nicht wegen ihrer Häufigkeit hinzunehmen sind. Zu beachten ist, dass die Gefährdungshaftung auf die Höchstbeträge der §§ 12, 12a StVG beschränkt sind mit der Ausnahme des § 12b StVG.

Ist eine Haftung nach § 7 StVG gegeben und ist das Fahrzeug nach dem PflichtVG versichert[186], dann besteht neben der Haftung des Fahrzeughalters auch ein direkter Anspruch nach § 115 Abs. 1 Nr. 1 VVG gegen das Versicherungsunternehmen.

4.2 Die Haftung des Fahrers nach § 18 StVG

Bei der Haftung des Fahrzeugführers nach 18 Abs. 1 StVG handelt es sich, im Gegensatz zu der Haftung des Halters aus § 7 StVG, nicht um eine echte Gefährdungshaftung, sondern um eine vermutete Verschuldenshaftung mit Exkulpationsmöglichkeit. Das heißt, die Beweislast für das Verschulden des Fahrzeugführers liegt hier nicht beim Anspruchsteller, sondern umgekehrt beim Fahrzeugführer, der sein fehlendes Verschulden beweisen muss. Gelingt ihm dieser Beweis, haftet er nicht. Seine persönliche Haftung ist gleichfalls ausgeschlossen, wenn

---

[186] Nicht unter die Versicherungspflicht fallen nach § 2 Abs. 1 die Bundesrepublik Deutschland, die Länder und die Gemeinden mit mehr als einhunderttausend Einwohnern.

4 Zivilrechtliche Haftung

er in Erfüllung hoheitlicher Aufgaben – was bis auf wenige Ausnahmen immer der Fall sein wird – ein Einsatzfahrzeug führt (s. u.).

4.3 Amtshaftung nach § 839 BGB i. V. m. Art. 34 GG

4.3.1 Haftung neben der Haftung aus dem StVG

Nach § 16 StVG bleibt neben der Gefährdungshaftung und der vermuteten Verschuldenshaftung (§§ 7, 18 StVG) eine weitergehende Haftung nach bundesrechtlichen Vorschriften oder eine Haftung, anderer, ebenfalls nach bundesrechtlichen Vorschriften, unberührt. Demnach besteht neben den Haftungstatbeständen des StVG bei Eintritt der dort genannten Voraussetzungen auch eine Haftung aus Amtshaftung nach § 839 BGB i. V. m. Art. 34 GG. Daraus lässt sich natürlich auch der umgekehrte Schluss ziehen. Die Gefährdungshaftung nach § 7 StVG steht selbständig neben der Amtshaftung aus § 839 BGB wegen Amtspflichtverletzung. Die Amtshaftung vermag insbesondere nicht die Gefährdungshaftung auszuschließen[187].

---

187 KG Berlin, SgEFeu § 839 BGB Nr. 10

4.3 Amtshaftung nach § 839 BGB i. V. m. Art. 34 GG

4.3.2 Beamte und »haftungsrechtliche Beamte«

Voraussetzung der Amtshaftung ist nach § 839 Abs. 1 S. 1 BGB, dass ein Beamter vorsätzlich oder fahrlässig eine ihm einem Dritten gegenüber obliegende Amtspflicht verletzt und diesem daraus ein Schaden entsteht. Die Amtspflichtverletzung muss also die Ursache für den Schaden sein. Während § 839 BGB von Beamten spricht, bestimmt Art. 34 GG, dass bei Amtspflichtverletzungen, die jemand in Ausübung eines öffentlichen Amtes begeht, die Haftung den Staat oder die Körperschaft trifft, in deren Dienst er steht. Damit ist jeder gemeint, der mit öffentlicher Gewalt ausgestattet ist, unabhängig davon, ob ihm eine Beamteneigenschaft nach dem BeamtStG zukommt, er Arbeiter, Angestellter oder ehrenamtlich tätig ist. Entscheidend ist allein, ob er hoheitlich für den Staat oder die Körperschaft tätig wird. In diesem Fall spricht man, unabhängig von seinem Status, vom »haftungsrechtlichen Beamten«.

4.3.3 Die Fahrt mit dem Einsatzfahrzeug als hoheitliche Tätigkeit

Voraussetzung für das Bestehen des Amtshaftungsanspruches ist, dass die Fahrt mit dem Einsatzfahrzeug in Ausübung öffentlicher Gewalt durchgeführt wird. Die Fahrten mit Einsatzfahrzeugen von Feuerwehr und Polizei und des öffentlichen Rettungsdienstes nach den entsprechenden Gesetzen der Bundesländer sind grundsätzlich als Wahrnehmung öffentlicher Gewalt und mithin als eine hoheitliche Tätigkeit anzuse-

4 Zivilrechtliche Haftung

hen. Etwas anderes ist anzunehmen, wenn die Verletzung der Amtspflichten gerade darin besteht, dass z. B. das Behördenfahrzeug zu privaten Zwecken benutzt wird. Gebraucht ein Amtswalter, dem ein Behördenfahrzeug anvertraut ist, dieses Fahrzeug zu privaten Schwarzfahrten, so geschieht das nicht mehr in Ausübung eines öffentlichen Amtes, und zwar auch dann nicht, wenn dieser Gebrauch zugleich gegen Dienstvorschriften verstößt[188]. Umgekehrt kann aber die Amtshaftung gegeben sein, wenn die hoheitliche Erfüllung mit einem Privatfahrzeug erfolgt, mit dem ein Feuerwehrangehöriger zum Gerätehaus oder zu einer Einsatzstelle fährt[189], mit der Folge, dass dieser persönlich nicht für den Schaden haftet.

4.3.4 Amtspflichtverletzung

Es muss eine Amtspflichtverletzung, also eine Nichtbeachtung von Vorschriften vorliegen, die gegenüber allen Verkehrsteilnehmern bei der Verkehrsteilnahme gelten. Bei einer Fahrt mit einem Einsatzfahrzeug, ohne das Sonderrechte in Anspruch genommen werden dürfen, liegt in der Verletzung der Vorschriften der StVO durch den Fahrer zugleich eine Amtspflichtverletzung. Denn zu dessen Amtspflichten gehört es, Einsatzfahrzeuge entsprechend den Verkehrsvorschriften zu fahren.

Werden hingegen Sonderrechte in Anspruch genommen, verletzt der Fahrer seine Amtspflichten, wenn er gegen seine

---

188 BGH NJW 1969, 422; BGHNJW 1994, 660
189 OLG Stuttgart BeckRS 2018, 16100 Rdnr. 12 mit Hinweis auf Hentschel König Dauer, § 35 Rn. 3.

4.3 Amtshaftung nach § 839 BGB i. V. m. Art. 34 GG

sich hieraus ergebenden Sorgfaltspflichten schuldhaft verstößt – insbesondere § 35 Abs. 8 StVO nicht beachtet – und so einen anderen schädigt.

4.3.5 Alleinhaftung des Staates bzw. der öffentlichen Körperschaft

Liegen die Voraussetzungen einer Haftung des Beamten oder »haftungsrechtlichen Beamten« vor, wird der Schadensersatzanspruch gegen diesen auf dessen Dienstherren durch Art. 34 GG übergeleitet. Damit ist also Art. 34 GG nicht selbst eine Anspruchsnorm, sondern verlagert als bloße Zurechnungsnorm die sogenannte Passivlegitimation (wer ist zu verklagen) des Schadensersatzanspruchs vom fehlerhaft und schuldhaft handelnden Beamten auf den öffentlich-rechtlichen Dienstherrn. Es handelt sich um eine befreiende Schuldübernahme. Ein Anspruch des Dritten gegen den Beamten selbst besteht sogar bei Vorsatz nicht.

Dabei bezweckt Art. 34 GG einerseits den Schutz des Geschädigten, dem ein auf jeden Fall leistungsfähiger Schuldner gegeben wird, andererseits aber auch den Schutz des für den Dienstherren hoheitlich Handelnden vor unangemessenen Haftungsrisiken, die seine Entscheidungs- und Einsatzbereitschaft möglicherweise einschränken könnten.

Beim Vorliegen der Amtshaftung werden nicht nur persönliche Ansprüche gegen die für den öffentlichen Dienstherrn tätige Einsatzkraft aus § 839 BGB ausgeschlossen, sondern auch sämtliche Ansprüche auch aus anderen Rechtsgründen. So schließt die Amtshaftung auch die persönliche Deliktshaf-

4 Zivilrechtliche Haftung

tung des Bediensteten als Kraftfahrzeugführer aus § 823 BGB aus[190]. Ebenso wird die Verschuldenshaftung als Fahrer gemäß § 18 StVG vom Amtshaftungsgrundsatz verdrängt[191].

Zu beachten ist aber, dass neben der Amtshaftung die Gefährdungshaftung gemäß § 7 StVG nicht ausgeschlossen ist, sondern diese Ansprüche nebeneinander bestehen können[192]. Für den Fall, dass eine Einsatzkraft mit einem seinem privaten Fahrzeug auf einer Dienst- oder Einsatzfahrt einen Unfall verursacht, besteht dessen Haftung als Halter gemäß § 7 Abs. 1 StVG – anders als bei der Fahrerhaftung nach § 18 StVG – fort, und zwar auch dann, wenn die weitergehende Haftung aus der Amtspflichtverletzung die Gemeinde trifft, in der der Fahrer seinen Feuerwehrdienst leistet[193]. Soweit er dann aber persönlich oder dessen private Kfz-Haftpflichtversicherung in Anspruch genommen wird, hat er zumindest bei einfacher Fahrlässigkeit einen Freistellungsanspruch gegenüber seinem Dienstherrn. Dieser kann sich aus den Brandschutzgesetzen der Länder[194] oder aber den entsprechenden Pflichten des Dienstherren aus dem Beamtenverhältnis oder dem Arbeitsverhältnis ergeben.

---

190 BGHZ 34,99 (104) BGH NJW 2014, 1665
191 BGHZ 118, 304
192 BGH DAR 2005, 263; NZV 1989, 18; NZV 1991, 185; OLG Düsseldorf DAR 2000, 477.
193 OLG Nürnberg 3.7.2002 – 4 U 1001/02, VRS 103, 321, obgleich dies ein Einsatzfahrzeug im Sinne des § 35 Abs. 1 StVO ist – s. o. OLG Stuttgart BeckRS 2018, 16100 Rdnr. 12 mit Hinweis auf Hentschel König Dauer, § 35 Rn. 3
194 Vgl. für NRW Fischer, Der Feuerwehrmann 1999, 176

4.4 Berücksichtigung von Mitverursachung und Mitverschulden

Sowohl die Mitverursachung als auch das Mitverschulden sind beim Schadensersatz zu berücksichtigen. Bei Unfällen im Straßenverkehr kommt es sehr häufig zu einer Anrechnung einer Mithaftung ohne Verschulden des Geschädigten aufgrund der Betriebsgefahr für das am Unfallgeschehen beteiligte Fahrzeug des Geschädigten. Diese Betriebsgefahr beschränkt den Schadensersatzanspruch des Geschädigten auch dann, wenn der den Unfall verursachende Schädiger schuldhaft gehandelt hat. Dies führt dazu, dass in sehr vielen Fällen auch dem schuldlosen Kraftfahrer die Betriebsgefahr seines eigenen Fahrzeugs in einer Größenordnung von etwa 20 % bis 25 % angelastet wird, sofern diese nicht hinter dem groben Verschulden des Unfallgegners völlig zurücktritt oder ein Fall höherer Gewalt nach § 7 Abs. 2 StVG vorliegt. Liegt hingegen eine schuldhafte Mitverursachung des Geschädigten vor, führt dies zu einer wesentlich höheren Anlastung und damit zu einer Kürzung des eigenen Schadensersatzanspruches. Zu den einzelnen Haftungsquoten gibt es eine unüberschaubare Rechtsprechung bezogen auf die jeweiligen Einzelfälle.

> **Beispiele:**
>
> Kollision eines Einsatzfahrzeuges mit Blaulicht, welches 13 Sekunden vor dem Unfall das Einsatzhorn einschaltete und an einer ampelgeregelten Kreuzung nach links abbiegen wollte, während sich das geradeaus fahrende Fahrzeug

4 Zivilrechtliche Haftung

> mit 80 km/h statt der zulässigen 70 km/h näherte. Haftung des privaten Fahrzeugs ausschließlich aus Betriebsgefahr 20 %[195].
>
> Kollision eines Einsatzfahrzeuges, welches in eine durch Rotlicht gesperrte Kreuzung mit einer Geschwindigkeit von etwa 41 km/h einfährt, ohne zuvor im Eingangsbereich der Kreuzung angehalten zu haben und dann auf 39 km/h im Kollisionszeitpunkt abbremst, während das andere Fahrzeug, welches bei »Grün« einfährt, aber sorgfaltswidrig nicht auf die Sondersignale reagiert. Die Haftung soll zu 2/3 beim Einsatzfahrzeug und zu 1/3 beim anderen Fahrzeug liegen[196].
>
> Kollision eines Einsatzfahrzeugs mit blauem Blinklicht und Einsatzhorn auf der Autobahn im Stau mit einem mit dem Heck in die Rettungsgasse hineinragenden Fahrzeug. Wegen der besonderen Pflicht zur Bildung einer Rettungsgasse im Sinne einer Muss-Vorschrift haftet das in die Rettungsgasse hineinragende Fahrzeug allein[197].

---

195 OLG Naumburg NJW-Spezial 2013, 426
196 KG Berlin NZV 2004, 8, gleiche Quote in einem ähnlichen Fall OLG Hamm NJWE-VHR 1997, 155
197 OLG Braunschweig SVR 2018, 428

5 Ordnungswidrigkeiten und Straftaten beim Führen von Einsatzfahrzeugen

5.1 Unterscheidung von Ordnungswidrigkeiten und Straftaten

Die Ahndung von Ordnungswidrigkeiten bei Verstößen gegen Verkehrsvorschriften ist zu unterscheiden von der Verfolgung von Straftaten im Zusammenhang mit dem Führen von Einsatzfahrzeugen. Verkehrsordnungswidrigkeiten werden durch die hierfür zuständigen Behörden (Ordnungsamt, Polizei, Straßenverkehrsamt), Verkehrsstraftaten ausschließlich durch die Staatsanwaltschaft verfolgt. Die Polizei führt für die Staatsanwaltschaft lediglich die erforderlichen Ermittlungen durch.

5.2 Straftaten

Ohne Strafrecht und ein Strafverfahrensrecht, das ein faires Verfahren garantiert, ist ein demokratischer Rechtsstaat undenkbar. Das Strafrecht dient dem Schutz der Rechtsgüter des Einzelnen und des Staates und damit der Wahrung des Rechtsfriedens. Strafrechtlich geahndet werden kann eine Tat nur dann, wenn das Verhalten des Täters einen Tatbestand erfüllt, für den ein Gesetz ausdrücklich eine im Einzelnen konkretisierte Strafe als Rechtsfolge[198] vorsieht. Eine Bestrafung kommt nach Art. 103 Abs. 2 GG, § 1 StGB ausnahmslos nur in Betracht, wenn das Gesetz zum Zeitpunkt der Tatbegehung gültig ist.

5.2.1 Allgemeine Voraussetzungen der Strafbarkeit

Strafbar kann sich nur machen, wer den Tatbestand eines Strafgesetzes objektiv verletzt. Der objektive Tatbestand ist in dem jeweiligen Gesetz durch sog. Tatbestandsmerkmale formuliert. Dies sind die Umstände, die zwingend als Voraussetzungen einer Strafbarkeit gegeben sein müssen. Ansonsten liegt überhaupt keine strafbare Handlung vor. So ist z.B. der Tatbestand der Sachbeschädigung nach § 303 StGB erfüllt, wenn der Täter eine fremde Sache beschädigt oder zerstört. Dabei genügt es nach der Rechtsprechung, wenn die an der Sache vorgenommene Veränderung durch den Täter deren bestimmungsgemäße Brauchbarkeit so wesentlich mindert, dass daraus eine Einschränkung der Funktionsfähigkeit resultiert. Sachbeschädigung durch Einschränkung der Funktionsfähigkeit hat die Rechtsprechung auch für das Ablassen der Luft aus den Reifen eines Pkw bejaht, sofern das Aufpumpen

---

198 Z.B. § 21 Abs. 1 S. 1 StVG: Mit Freiheitsstrafe bis zu einem Jahr oder mit Geldstrafe wird bestraft (Rechtsfolge), wer ein Kraftfahrzeug führt, obwohl er die dazu erforderliche Fahrerlaubnis nicht hat (Tatbestand, der die Rechtsfolge auslöst).

nicht nur unerheblichen Aufwand erfordert. Wird die Luft unmittelbar an einer mit Luftpumpe versehenen Tankstelle abgelassen, wird Sachbeschädigung hingegen verneint[199]. Die Auslegung von Straftatbeständen endet da, wo die Analogie beginnt. Wer einen Datenspeicher in einem Fahrzeug löscht, macht sich nicht wegen Sachbeschädigung strafbar, da dieser weder beschädigt noch zerstört und seine Funktionsfähigkeit nicht eingeschränkt wird. Eine andere Auslegung wäre eine im Strafrecht verbotene Analogie. Konsequenterweise hat der Gesetzgeber aufgrund der technischen Entwicklungen daher auch den Tatbestand der Datenveränderung nach § 303a StGB eingeführt.

5.2.2 Vorsatz und Fahrlässigkeit

Nach § 15 StGB ist nur vorsätzliches Handeln strafbar, es sei denn, dass das Gesetz fahrlässiges Handeln ausdrücklich mit Strafe bedroht. Wer bei einem Verkehrsunfall ein anderes Fahrzeug beschädigt, macht sich nicht wegen Sachbeschädigung strafbar, weil § 303 StGB Fahrlässigkeit nicht mit Strafe bedroht. Anders ist es bei der Verletzung von Menschen bei einem Unfall. Die fahrlässige Körperverletzung ist in § 229 StGB ausdrücklich mit Strafe bedroht. Vorsätzliche Straftaten spielen bei Einsatzfahrten normalerweise keine Rolle und sollen daher hier nicht näher erörtert werden.

---

199 BGHSt 13, 207

5 Ordnungswidrigkeiten und Straftaten

Es stellt sich die Frage, wann Fahrlässigkeit vorliegt. Fahrlässigkeit ist ein Verhalten, welches durch eine Verletzung der gebotenen Sorgfalt gekennzeichnet ist. Damit genügt zur Tatbestandserfüllung nicht jedes Handeln oder Unterlassen, sondern nur ein solches, woraus sich eine »Verletzung der im Verkehr erforderlichen Sorgfalt« ergibt. Weiter erforderlich ist, dass für den Täter vorhersehbar ist, dass sein Tun oder Unterlassen zu dem tatbestandsmäßigen Erfolg führen wird (z. B. zu einer Verletzung oder zum Tod von Personen bei einem Unfall). Ferner muss die Verletzung der Sorgfaltspflicht für den Verletzungserfolg ursächlich sein. Das ist immer dann der Fall, wenn sie nicht hinweggedacht werden kann, ohne dass der tatbestandsmäßige Erfolg (Verletzung) entfiele. Die fahrlässige Handlungsweise kann auch im Unterlassen einer gebotenen Handlung bestehen. Es genügt dann die Feststellung, dass bei richtiger Handlungsweise der tatbestandsmäßige Erfolg mit an Sicherheit grenzender Wahrscheinlichkeit nicht eingetreten wäre. Beruht der tatbestandsmäßige Erfolg hingegen auf einem atypischen, außerhalb der allgemeinen Lebenserfahrung liegenden Geschehensablauf, so ist er dem Täter nicht zurechenbar. Eine Bestrafung wegen dieser nicht zurechenbaren Folge unterbleibt[200].

---

200 Vgl. dazu auch die Beispiele in Fischer, Rechtsfragen beim Feuerwehreinsatz 8.1.1.1

5.2 Straftaten

5.2.3 Rechtswidrigkeit und Rechtfertigungsgründe

Die Erfüllung eines Straftatbestandes indiziert die Rechtswidrigkeit. Denn es ist eine Handlung, die der Rechtsordnung widerspricht. An dieser fehlt es ausnahmsweise, wenn Rechtfertigungsgründe vorliegen. Nur bei Vorliegen eines solchen von der Rechtsordnung anerkannten Grundes ist trotz eines objektiven Verstoßes gegen die Rechtsordnung das Handeln rechtmäßig und darf mithin zu keinen rechtlichen Nachteilen führen. In Betracht kommt bei Einsatzfahrten der rechtfertigende Notstand nach den §§ 16 OWiG, 34 StGB[201]. Gerechtfertigt ist allerdings nur derjenige, der auch in dem Bewusstsein handelt, dass eine rechtfertigende Situation vorliegt. Problematisch ist der Irrtum über Rechtfertigungsgründe, also wenn der Betroffene irrtümlich glaubt, er befinde sich in einer Notstandssituation, z. B. bei einer Fehlalarmierung. Denn dann steht im objektiv kein Rechtfertigungsgrund zur Seite. Bei einem solchen Irrtum entfällt jedoch die Vorsatzschuld und wenn der Irrtum – wie bei einer Fehlalarmierung nicht zu vermeiden war – auch der Fahrlässigkeitsvorwurf.

---

201 S. Fischer a.a.O. 8.1.3.1, vgl. auch unten die Erläuterungen zu § 142 StGB

5.2.4 Schuld und Schuldunfähigkeit

Nach § 19 StGB ist schuldunfähig, wer bei Begehung der Tat noch nicht vierzehn Jahre alt ist. Bei krankhaften seelischen Störungen, einer tiefgreifenden Bewusstseinsstörung, Schwachsinn oder einer schweren anderen seelischen Abartigkeit kann die Schuldfähigkeit aufgehoben (§ 20 StGB) oder vermindert (§ 21 StGB) sein. Bei Einsatzfahrten kann im extremen Einzelfall auch ein übergesetzlicher entschuldigender Notstand entstehen, wenn z. B. nach einem Unfall des Einsatzfahrzeuges (einzige Drehleiter der Gemeinde beim bestätigten Brand eines Altenheims – mehrere Personen am Fenster) eine Person lebensbedrohlich verletzt worden ist. Die Weiterfahrt ohne dass ausreichend für lebensrettende Sofortmaßnahmen gesorgt wird, ist nicht durch rechtfertigenden Notstand gedeckt, da Menschenleben nicht gegeneinander aufgewogen werden dürfen. Da aber nur einer Pflicht nachgekommen werden kann, ist sowohl bei der Weiterfahrt als auch beim Verbleiben an der Unfallstelle von einem übergesetzlichen entschuldigenden Notstand auszugehen. Unabhängig davon ist die Frage zu klären, ob eine Strafbarkeit wegen fahrlässiger Körperverletzung bzw. fahrlässiger Tötung der durch den Verkehrsunfall verletzten Person besteht.

5.2.5 StGB

Die wesentlichen Straftatbestände im Verkehrsrecht sind im Strafgesetzbuch geregelt. Von den Vorschriften des Strafgesetzbuches sind die Führer von Einsatzfahrzeugen in keinem

5.2 Straftaten

Fall befreit. Sonderrechte rechtfertigen nicht die Begehung von Straftaten. Ob bei der Verletzung von Straftatbeständen bei einer Einsatzfahrt, dies ausnahmsweise nach Notstandgesichtspunkten gerechtfertigt sein kann, bedarf einer genauen Prüfung.

5.2.5.1 § 142 Unerlaubtes Entfernen vom Unfallort

(1) Ein Unfallbeteiligter, der sich nach einem Unfall im Straßenverkehr vom Unfallort entfernt, bevor er
1. zugunsten der anderen Unfallbeteiligten und der Geschädigten die Feststellung seiner Person, seines Fahrzeugs und der Art seiner Beteiligung durch seine Anwesenheit und durch die Angabe, daß er an dem Unfall beteiligt ist, ermöglicht hat oder
2. eine nach den Umständen angemessene Zeit gewartet hat, ohne daß jemand bereit war, die Feststellungen zu treffen,
wird mit Freiheitsstrafe bis zu drei Jahren oder mit Geldstrafe bestraft.
(2) Nach Absatz 1 wird auch ein Unfallbeteiligter bestraft, der sich
1. nach Ablauf der Wartefrist (Absatz 1 Nr. 2) oder
2. berechtigt oder entschuldigt
vom Unfallort entfernt hat und die Feststellungen nicht unverzüglich nachträglich ermöglicht.
(3) Der Verpflichtung, die Feststellungen nachträglich zu ermöglichen, genügt der Unfallbeteiligte, wenn er den

Berechtigten (Absatz 1 Nr. 1) oder einer nahe gelegenen Polizeidienststelle mitteilt, dass er an dem Unfall beteiligt gewesen ist, und wenn er seine Anschrift, seinen Aufenthalt sowie das Kennzeichen und den Standort seines Fahrzeugs angibt und dieses zu unverzüglichen Feststellungen für eine ihm zumutbare Zeit zur Verfügung hält. Dies gilt nicht, wenn er durch sein Verhalten die Feststellungen absichtlich vereitelt.
(4) Das Gericht mildert in den Fällen der Absätze 1 und 2 die Strafe (§ 49 Abs. 1) oder kann von Strafe nach diesen Vorschriften absehen, wenn der Unfallbeteiligte innerhalb von vierundzwanzig Stunden nach einem Unfall außerhalb des fließenden Verkehrs, der ausschließlich nicht bedeutenden Sachschaden zur Folge hat, freiwillig die Feststellungen nachträglich ermöglicht (Absatz 3).
(5) Unfallbeteiligter ist jeder, dessen Verhalten nach den Umständen zur Verursachung des Unfalls beigetragen haben kann.

Bei § 142 StGB ist der Schutzzweck ausschließlich das zivilrechtliche Interesse der Unfallbeteiligten und Geschädigten an der Durchsetzung berechtigter Ersatzansprüche und das Interesse an der Abwehr unberechtigter Ansprüche. Somit schützt er das Vermögen[202]. Nach einhelliger Auffassung geht es hingegen nicht um das öffentliche Interesse an der effektiven Verfol-

---

202 BGHSt 24, 382 (383) = NJW 1972, 1960; BGHSt 29, 138 (142) = NJW 1980, 896; OLG Düsseldorf, NZV 2012, 350 (350 f.); OLG Hamm, NZV 2011, 356 (357)

5.2 Straftaten

gung von Verkehrsstraftaten und Verkehrsordnungswidrigkeiten oder den Ausschluss ungeeigneter Fahrzeugführer vom Straßenverkehr[203]. Diese Schutzzweckdefinition ist von erheblicher Bedeutung, wenn es zur Rechtsgüterabwägung der Frage kommt, ob im Rahmen des rechtfertigenden Notstandes eine Einsatzfahrt fortgesetzt werden kann (s. u.).

Ein Unfall, auf den § 142 StGB anzuwenden ist, ist jedes mit dem Straßenverkehr und seinen Gefahren ursächlich zusammenhängende Ereignis, durch das ein Mensch geschädigt wird oder ein nicht ganz belangloser Sachschaden verursacht wird[204]. Handelt es sich um einen Bagatellschaden, bei dem mit seiner Geltendmachung gegenüber dem Schädiger nicht zu rechnen ist, besteht kein Feststellungsinteresse. Damit scheidet dann eine Strafbarkeit gem. § 142 StGB aus. Die Bagatellgrenze wird von der Rechtsprechung unterschiedlich beurteilt. So sollen Schäden bis 50,00 Euro darunterfallen[205].

Unfallbeteiligter ist der Fahrer eines Einsatzfahrzeuges nach § 142 Abs. 5 StGB, wenn sein Verhalten dem äußeren Anschein oder den Umständen nach möglicherweise ursächlich oder mitursächlich war, ohne dass es auf ein Verschulden ankommt[206]. Voraussetzung für den Tatbestand ist dann, dass sich der Unfallbeteiligte vom Unfallort entfernt. Unfallort ist der Bereich, in dem der Unfallbeteiligte seine Pflicht, einem Berechtigten seine Unfallbeteiligung zu offenbaren, erfüllen kann, oder in dem – unabhängig davon – eine feststellungs-

---

203 BVerfGE 16, 191 (193); BGH NJW 1972, 1960
204 BGH NJW 2002, 626 (627); BGH NJW 1972, 1960
205 OLG Nürnberg, NZV 2007, 535 (536)
206 BGH NJW 1960, 2060 (2061)

bereite Person unter den gegebenen Umständen einen Wartepflichtigen vermuten und ggf. durch Befragen ermitteln würde[207]. Vom Unfallort entfernt sich derjenige, der in Kenntnis vom Unfall willentlich den Bereich des Unfallortes verlässt. Bei nahezu allen Unfällen ist der Unfall optisch, akustisch und taktil wahrnehmbar. Nur in seltenen Ausnahmefällen kann es sein, dass der Unfallverursacher den Unfall nicht bemerkt. Im Zweifel kann und muss dies ein Gericht durch Einholung eines Sachverständigengutachtens klären.

Kann der Feststellungsberechtigte selbst nicht alle notwendigen Feststellungen treffen, hat der andere Unfallbeteiligte auf dessen Wunsch das Eintreffen der Polizei und deren etwaige Anordnungen abzuwarten[208]. Umgekehrt kann der andere Unfallbeteiligte erklären, dass er auf weitere Feststellungen verzichtet, so dass dann die Wartepflicht mangels weiteren Feststellungsinteresses endet.

Der Unfallbeteiligte muss, um sich nicht strafbar zu machen, die Feststellungen durch seine Anwesenheit (passive Feststellungsduldungspflicht) und die Angabe, dass er an dem Unfall beteiligt ist (aktive Vorstellungspflicht), ermöglichen. Allerdings trifft ihn keine allgemeine umfassende Pflicht zur Aufklärung des Unfalls. Es besteht aber die Pflicht, zur Mitteilung an den Geschädigten, dass sich ein Unfall ereignet hat, wenn der Geschädigte diesen noch nicht bemerkt hat, etwa weil er erst später hinzugekommen ist. Nähere Angaben zur Art seiner

---

207 OLG DAR 2004, 599 (600); OLG Stuttgart NStZ 1992, 384 (385); OLG Karlsruhe NStZ 1988, 409 (410.
208 OLG Zweibrücken NZV 1992, 371; OLG Köln NZV 1999, 173 (174)

5.2 Straftaten

Beteiligung muss der Unfallbeteiligte nicht machen[209]. Von sich aus braucht er nicht einmal seine Personalien zu offenbaren. Seiner Feststellungsduldungspflicht genügt der Unfallbeteiligte durch seine bloße Anwesenheit am Unfallort, solange bis die notwendigen Feststellungen getroffen sind. Wer allerdings aktiv die Feststellungen zum Unfallablauf vereitelt, indem er z. B. Unfallspuren beseitigt oder Falschangaben macht, macht sich nach § 142 Abs. 1 StGB strafbar, wenn er den Unfallort verlässt. Denn er verlässt in einem solchen Fall den Unfallort, ohne die erforderlichen Feststellungen ermöglicht zu haben.

Kommt es während einer Einsatzfahrt zu einem Unfall, so stellen sich besondere Probleme. Die Pflichten des Fahrers bei einem Unfall bestimmen sich nach § 34 StVO. Die Wahrnehmung dieser Pflichten bedeutet das Ende der Einsatzfahrt. Dies ist je nach den Umständen und dem gemeldeten Einsatz oftmals nicht vertretbar. Grundsätzlich kann bei einer Sonderrechtsfahrt auch von der Vorschrift des § 34 StVO abgewichen werden. Wird die Einsatzfahrt fortgesetzt, so ist das jedoch nach § 142 StGB zu beurteilen. Hier hilft also § 35 StVO nicht weiter, da dieser ausdrücklich nur von den Vorschriften der StVO, nicht aber von denen des StGB befreit. Allerdings wird nicht nach § 142 Abs. 1 StGB bestraft, wer sich von der Unfallstelle berechtigt entfernt, wenn er die erforderlichen Feststellungen nachträglich unverzüglich ermöglicht. Als Rechtfertigungsgrund kommt hier die rechtfertigende Pflichtenkollision in Be-

---

209 Er begeht dann allerdings eine Ordnungswidrigkeit nach den §§ 34 Abs. 1 Nr. 5, 49 Abs. 1 Nr. 29 StVO, 24 StVG.

5 Ordnungswidrigkeiten und Straftaten

tracht, die ein Fall des rechtfertigenden Notstandes nach § 34 StGB ist. Es ist also zu prüfen, ob eine nicht anders abwendbare Gefahr für Leben, Leib oder Eigentum besteht und das Interesse an der Fortsetzung der Einsatzfahrt das Feststellungsinteresse der Unfallbeteiligten überwiegt. Erforderlich ist ein vernünftiges Abwägen. Dabei ist zu beachten, dass die Hilfspflicht gem. § 323c StGB grundsätzlich dem Feststellungsinteresse des anderen Unfallbeteiligten vorgeht[210]. Bei Brand- und Rettungseinsätzen wird dies vielfach dazu führen, dass die Weiterfahrt gerechtfertigt ist[211].

> **Beispiel:**
> Ein Löschgruppenfahrzeug wird auf dem Weg zu einem Wohnungsbrand in einen Unfall mit erheblichem Sachschaden und Verletzten verwickelt. Da bei einem Wohnungsbrand davon auszugehen ist, dass Menschenleben in Gefahr sind und jede Minute zählt, überwiegt das Interesse an der sofortigen Weiterfahrt das Feststellungsinteresse der übrigen Unfallbeteiligten. Dies ist auch die einzige Möglichkeit, die Gefahr abzuwenden, da bei einer Nachalarmierung wertvolle Zeit verloren ginge. Das Fahrzeug darf seine Fahrt fortsetzen, soweit die Versorgung der Verletzten sichergestellt ist. Bei Leichtverletzen kann die Alarmierung des Rettungsdienstes ausreichen.

---

210 Ständige Rechtsprechung vgl: BGHSt 28, 129, NJW 1979, 434; Schönke/Schröder § 142 Rdnr. 52, Hentschel/König/Dauer § 142 Rdnr. 20 m.w.N.
211 Völlig verfehlt sind die Ausführungen von Fehn und Lechleuthner, Rettungsdienst 1999, 148, vgl. Fischer Rettungsdienst 1999, 346; Brandschutz 1999, 366, Der Feuerwehrmann 1999, 79.

5.2 Straftaten

Es handelt sich bei der Entscheidung, ob die Fahrt fortgesetzt werden kann, letztlich immer um eine sorgfältig abzuwägende Einzelfallentscheidung. Wird die Fahrt fortgesetzt, so sind die erforderlichen Feststellungen nachträglich unverzüglich nach § 142 Abs. 3 StGB zu ermöglichen. Es genügt dann die Mitteilung der Unfallbeteiligung an eine nahe gelegene Polizeidienststelle. Geschieht dies nicht, macht sich auch der Fahrer eines Einsatzfahrzeuges, der die Einsatzfahrt berechtigt fortsetzt hat, dennoch nach § 142 Abs. 2 StGB strafbar.

Folgende Merksätze können aufgestellt werden:

- Nach einem Unfall darf die Fahrt nur fortgesetzt werden, wenn dies zur Abwehr einer Gefahr für Menschen, Tiere, Sachen von bedeutendem Wert oder der Umwelt dringend erforderlich ist, also ein Warten zu einer nicht hinnehmbaren Verzögerung führen würde. Außerdem muss der Fahrer selbst noch fahrtüchtig sein. Bei erheblicher emotionaler Belastung durch das Unfallgeschehen kann dies zweifelhaft sein und es ist ggf. ein Fahrertausch vorzunehmen.
- Die Versorgung von ernsthaft Verletzten und die Erste Hilfe sind in jedem Fall sicherzustellen.
- Über Funk ist die Leitstelle vom Unfall in Kenntnis zu setzen, die diesen der Polizei mitteilt.
- Je dringender der Einsatz und je leichter der Unfall, desto eher ist die Weiterfahrt gerechtfertigt. Bei folgenschweren Unfällen, insbesondere bei erheblichen Personenschäden darf nur bei schwerwiegenden Gründen die Fahrt fortgesetzt werden (z. B. einzige Drehleiter auf dem Weg zum Wohnhausbrand).

- Sofort nach Beendigung des Einsatzes ist mit der Polizei nochmals Kontakt aufzunehmen.

5.2.5.2 Beleidigung § 185 StGB

§ 185 StGB: Die Beleidigung wird mit Freiheitsstrafe bis zu einem Jahr oder mit Geldstrafe und, wenn die Beleidigung mittels einer Tätlichkeit begangen wird, mit Freiheitsstrafe bis zu zwei Jahren oder mit Geldstrafe bestraft.
§ 194 Abs. 1 S. 1 StGB Strafantrag: Die Beleidigung wird nur auf Antrag verfolgt.
§ 194 Abs. 3 S. 1 u. 2 StGB: Ist die Beleidigung gegen einen Amtsträger, einen für den öffentlichen Dienst besonders Verpflichteten oder einen Soldaten der Bundeswehr während der Ausübung seines Dienstes oder in Beziehung auf seinen Dienst begangen, so wird sie auch auf Antrag des Dienstvorgesetzten verfolgt.

Beleidigungen kommen im Straßenverkehr häufig vor. Tathandlung ist die Kundgabe der Missachtung oder Nichtachtung. Diese muss sich durch ein Verhalten mit einem entsprechenden Erklärungswert zeigen. Dabei kann die Äußerung mündlich, schriftlich, bildlich, symbolisch, durch Gesten, schlüssige Handlungen oder Tätlichkeiten erfolgen. Im Straßenverkehr wird am häufigsten durch abwertende Gesten (Scheibenwischer) beleidigt, wenn der andere Verkehrsteilnehmer sich vermeintlich falsch verhalten soll. Beleidigungen im Straßenverkehr sind ein Ausdruck von Aggressivität. Für überlegt handelnde Fahrer von Einsatzfahrzeugen sind sie selbstverständlich absolut tabu. Sollte

5.2 Straftaten

man als Fahrer eines Einsatzfahrzeuges beleidigt werden und kann den Verursacher identifizieren bzw. das Kennzeichen der Polizei mitteilen, sollte man sich keinesfalls scheuen, einen Strafantrag zu stellen. Die Beleidigung ist eines der wenigen Delikte, in denen ein Strafantrag Voraussetzung für die Verfolgung durch die Staatsanwaltschaft ist. Verantwortungsvolle Vorgesetzte sollten anstelle des Einsatzfahrers bei Beleidigungen im Dienst, den Strafantrag stellen.

5.2.5.3 Fahrlässige Tötung § 222 StGB

Wer durch Fahrlässigkeit den Tod eines Menschen verursacht, wird mit Freiheitsstrafe bis zu fünf Jahren oder mit Geldstrafe bestraft.

Die Straftat erfüllt, wer den Tod eines Menschen verursacht, sei es durch sorgfaltswidriges Handeln oder durch Unterlassen. Verursacht wird der Tod, wenn die Handlung oder das Unterlassen einer gebotenen Handlung nicht hinweg gedacht werden kann, ohne dass der konkrete Erfolg entfiele[212]. Für das Verhalten im Straßenverkehr gilt, dass ein Sorgfaltsverstoß schon dann zu bejahen sein kann, wenn der Täter Handlungen vornimmt, deren Gefahren er nicht beherrschen kann. Die Sorgfaltspflichten bei Einsatzfahrten ergeben sich insbesondere aus § 35 Abs. 8 StVO. Wer unter Missachtung der gebührenden Berücksichtigung der öffentlichen Sicherheit und

---

212 Vgl. Fischer, Rechtsfragen beim Feuerwehreinsatz 8.1.1.1

Ordnung ein Einsatzfahrzeug mit Sonderrechten führt und dann einen tödlichen Verkehrsunfall verursacht, macht sich wegen fahrlässiger Tötung strafbar[213]. Die Tatsache, dass es sich um eine Einsatzfahrt handelte, bei der es um die Rettung von Menschenleben oder bedeutenden anderen Werten ging, kann dann nur im Rahmen der Strafzumessung nach § 46 StGB berücksichtigt werden.

5.2.5.4 Fahrlässige Körperverletzung § 229 StGB

Wer durch Fahrlässigkeit die Körperverletzung einer anderen Person verursacht, wird mit Freiheitsstrafe bis zu drei Jahren oder mit Geldstrafe bestraft.

Unter Körperverletzung ist jede nicht bloß unerhebliche Beeinträchtigung des körperlichen Wohlbefindens oder der körperlichen Unversehrtheit zu verstehen. Dies kann auch bei schwerwiegenden psychischen Beeinträchtigungen der Fall sein, die zu psychosomatischen Beschwerden führen. Rein emotionale Reaktionen bei Unfällen, wie etwa starke Gemütsbewegungen oder andere Erregungszustände stellen keinen pathologischen Zustand und damit keine Gesundheitsschädigung dar. Für die fahrlässige Körperverletzung gilt im Übrigen sinngemäß das gleiche, wie für die fahrlässige Tötung.

---

213 So zutreffend auch Pießkalla: Zur Fahrlässigkeitsstrafbarkeit nach §§ 223, 229, 222 und § 315c StGB bei Unfällen im Rahmen von Einsatzfahrten, NZV 2007, 438

5.2.5.5 Nötigung § 240 StGB

(1) Wer einen Menschen rechtswidrig mit Gewalt oder durch Drohung mit einem empfindlichen Übel zu einer Handlung, Duldung oder Unterlassung nötigt, wird mit Freiheitsstrafe bis zu drei Jahren oder mit Geldstrafe bestraft.
(2) Rechtswidrig ist die Tat, wenn die Anwendung der Gewalt oder die Androhung des Übels zu dem angestrebten Zweck als verwerflich anzusehen ist.
(3) Der Versuch ist strafbar.

Nötigung im Straßenverkehr setzt ein Verhalten voraus, welches einen anderen Verkehrsteilnehmer in eine Zwangslage versetzt. Dieses Verhalten muss mit Gewalt oder aber mit einer Drohung mit einem empfindlichen Übel gleichzusetzen sein. So ist das Drängeln des auf der Überholspur von hinten kommenden Fahrzeugführers, um deren Freigabe zu erzwingen, jedenfalls dann als Gewalt im Sinne des Nötigungstatbestandes zu werten, wenn sich der Vorgang bei hoher Geschwindigkeit über einen längeren Zeitraum erstreckt und den Bedrängten in seinem Fahrverhalten verunsichert. Gewalt im Sinne des § 240 StGB ist also dann zu bejahen, wenn durch das Fahrverhalten ein unwiderstehlicher Zwang ausgelöst wird, der einer körperlichen Einwirkung gleichsteht, auch wenn dies nur über eine psychische Ursachenkette geschieht. Dies gilt auch für das Aus- bzw. Abbremsen, die Betätigung von Hupe bzw. Lichthupe, sei es allein oder kombiniert mit »drängelnder« Fahrweise, sowie der bewussten Verhinderung des Überholens.

5 Ordnungswidrigkeiten und Straftaten

Nicht alle Verkehrsverstöße sowohl von Fahrern von Einsatzfahrzeugen oder aber auch anderen Verkehrsteilnehmern gegenüber Einsatzfahrzeugen stellen eine Nötigung dar. Eine strafbare Nötigung liegt erst vor, wenn die Einwirkung auf den anderen Verkehrsteilnehmer nicht die bloße Folge, sondern der Zweck des verbotswidrigen Verhaltens ist[214]. Hinzutreten muss also der Vorsatz, den anderen zu einem anderen Verhalten zu zwingen. Die Handlung muss außerdem verwerflich sein. Verwerflichkeit des Fahrverhaltens ist nur zu bejahen, wenn insoweit ein auffälliges Missverhältnis zu dem verfolgten Zweck besteht. Dies ist dann der Fall, wenn ein erhöhter Grad an sozialethischer Missbilligung der für den erstrebten Zweck angewandten Mittel bei objektiver Betrachtung vorliegt, z. B. bei schikanösem Ausbremsen aus »verkehrserzieherischen Zwecken«. Eine solche Verwerflichkeit wird daher bei einer Sonderrechtsfahrt von Feuerwehr oder Rettungsdienst wiederum nur in extremen Ausnahmefällen anzunehmen sein, die bei einem verantwortungsbewussten normalen Einsatzfahrer kaum vorstellbar sein werden.

5.2.5.6 Gefährdung des Straßenverkehrs § 315 c StGB

(1) Wer im Straßenverkehr
1. ein Fahrzeug führt, obwohl er

---

214 OLG Hamm NStZ 2009, 213

5.2 Straftaten

a) infolge des Genusses alkoholischer Getränke oder anderer berauschender Mittel oder

b) infolge geistiger oder körperlicher Mängel

nicht in der Lage ist, das Fahrzeug sicher zu führen, oder

2. grob verkehrswidrig und rücksichtslos

a) die Vorfahrt nicht beachtet,

b) falsch überholt oder sonst bei Überholvorgängen falsch fährt,

c) an Fußgängerüberwegen falsch fährt,

d) an unübersichtlichen Stellen, an Straßenkreuzungen, Straßeneinmündungen oder Bahnübergängen zu schnell fährt,

e) an unübersichtlichen Stellen nicht die rechte Seite der Fahrbahn einhält,

f) auf Autobahnen oder Kraftfahrstraßen wendet, rückwärts oder entgegen der Fahrtrichtung fährt oder dies versucht oder

g) haltende oder liegengebliebene Fahrzeuge nicht auf ausreichende Entfernung kenntlich macht, obwohl das zur Sicherung des Verkehrs erforderlich ist,

und dadurch Leib oder Leben eines anderen Menschen oder fremde Sachen von bedeutendem Wert gefährdet, wird mit Freiheitsstrafe bis zu fünf Jahren oder mit Geldstrafe bestraft.

(2) In den Fällen des Absatzes 1 Nr. 1 ist der Versuch strafbar.

(3) Wer in den Fällen des Absatzes 1

1. die Gefahr fahrlässig verursacht oder

2. fahrlässig handelt und die Gefahr fahrlässig verursacht,

5 Ordnungswidrigkeiten und Straftaten

wird mit Freiheitsstrafe bis zu zwei Jahren oder mit Geldstrafe bestraft.

Als wichtigste Strafvorschrift im Straßenverkehr ist § 315 c StGB zu nennen. Dieser stellt die 9 »Todsünden« im Straßenverkehr unter Strafe, wenn es durch diese zu einer konkreten Gefahr kommt[215]:

- Betrunkenes Fahren oder Fahren unter Drogeneinfluss
- Fahren mit körperlichen oder geistigen Mängeln
- Missachtung der Vorfahrt
- Falsches Überholen
- Falsches Verhalten an Fußgängerüberwegen
- Zu schnelles Fahren an gefährlichen Stellen
- Verstoß gegen das Rechtsfahrgebot an unübersichtlichen Stellen
- Falschfahren auf Autobahnen oder mehrspurigen Straßen (Geisterfahrer)
- Fehlende Absicherung von stehenden Fahrzeugen an gefährlichen Stellen

Die Vorschrift kann auch bei Fahrten mit Sonderrechten durchaus Bedeutung erlangen, da es nach Abs. 3 genügt, die Gefahr fahrlässig zu verursachen oder auch nur fahrlässig zu handeln.

---

215 Fischer, Der Notarzt auf der Überholspur – Verkehrsvergehen trotz Sonderrechten, Notarzt 2015; 31(03): 118-123, Georg Thieme Verlag KG Stuttgart New York

5.2 Straftaten

Objektiv setzt der Tatbestand zunächst voraus, dass der Täter infolge seines Zustandes nicht in der Lage gewesen ist, das Fahrzeug sicher zu führen (Nr. 1 a-b) oder aber einen der grob verkehrswidrigen Verkehrsverstöße (Nr. 2 a – g) begangen haben muss. Dieses muss zu einer *konkreten* Gefahr für Leib oder Leben eines anderen Menschen oder für fremde Sachen von bedeutendem Wert geführt haben. Das ist immer der Fall, wenn es tatsächlich zu einem Schaden gekommen ist. Liegt ein solcher aber nicht vor, muss die Tathandlung zu einer kritischen Situation geführt haben, in der die Sicherheit des betroffenen Rechtsgutes so stark beeinträchtigt war, dass es nur noch vom Zufall abhing, ob ein Schaden eintreten würde oder nicht (Beinaheunfall)[216].

Gleichzeitig muss er rücksichtslos und grob verkehrswidrig gehandelt haben. Grob verkehrswidrig handelt, wer objektiv einen besonders schwerwiegend erscheinenden Verkehrsverstoß begeht, also eine besonders schwerwiegende Verletzung von Verkehrsvorschriften begeht. Grobe Verkehrswidrigkeit liegt insbesondere dann vor, wenn die Fahrweise angesichts der Verkehrs- oder Wetterbedingungen vollkommen unangepasst ist. Auch hier ist bei Einsatzfahrzeugen, mit denen Sonderrechte in Anspruch genommen werden, § 35 Abs. 8 StVO der Maßstab für die Sorgfaltspflichten und damit für das Vorliegen eines besonders schweren Verkehrsverstoßes[217].

---

216 St. Rspr, BGH, NJW 1995, 3131
217 Vgl. auch hier Pießkalla: Zur Fahrlässigkeitsstrafbarkeit nach §§ 223, 229, 222 und § 315c StGB bei Unfällen im Rahmen von Einsatzfahrten, NZV 2007, 438

5 Ordnungswidrigkeiten und Straftaten

Rücksichtslos handelt, wer sich seiner Pflichten im Straßenverkehr bewusst ist, sich aber aus eigensüchtigen Beweggründen, etwa um ungehindert vorwärts zu kommen, über diese hinwegsetzt, ebenso, wer sich aus Gleichgültigkeit nicht auf seine Pflichten besinnt, Hemmungen gegen seine Fahrweise gar nicht erst in sich aufkommen lässt und unbekümmert um die Folgen seiner Fahrweise drauflos fährt[218]. Bei vorsätzlicher Gefährdung anderer Verkehrsteilnehmer ist die Rücksichtslosigkeit in der Regel zu bejahen. Allerdings muss selbst ein besonders schwerer Regelverstoß nicht zwangsläufig zur Annahme rücksichtslosen Verhaltens führen.

Die Voraussetzungen der Rücksichtslosigkeit werden im Regelfall beim Führer eines Einsatzfahrzeuges nicht vorliegen, obgleich das Fernziel – nämlich schnell zur Einsatzstelle zu gelangen – dies nicht grundsätzlich ausschließt.

5.2.5.7 Trunkenheit im Verkehr § 316 StGB

(1) Wer im Verkehr (§§ 315 bis 315e) ein Fahrzeug führt, obwohl er infolge des Genusses alkoholischer Getränke oder anderer berauschender Mittel nicht in der Lage ist, das Fahrzeug sicher zu führen, wird mit Freiheitsstrafe bis zu einem Jahr oder mit Geldstrafe bestraft, wenn die Tat nicht in § 315a oder § 315c mit Strafe bedroht ist.

---

218 BGH NJW 1954, 729; Fischer Rdnr. 14; Hentschel/König/Dauer/König Rn. 24; Schönke/Schröder/Sternberg-Lieben/Hecker Rdnr. 28

5.2 Straftaten

(2) Nach Absatz 1 wird auch bestraft, wer die Tat fahrlässig begeht.

Der Straftatbestand ist erfüllt, wenn jemand ein Fahrzeug führt, obgleich die alkoholischen Getränke oder die anderen Rauschmittel dazu geführt haben, dass die Gesamtleistungsfähigkeit des Fahrers besonders infolge von Enthemmung sowie geistigseelischer und körperlicher Leistungsausfälle so weit herabgesetzt ist, dass er nicht mehr fähig ist, sein Fahrzeug im Straßenverkehr, und zwar auch bei plötzlichem Auftreten schwieriger Verkehrslagen, sicher zu steuern[219]. Dies ist bei berauschenden Mitteln (Rauschgift, Medikamente) immer eine Frage des Einzelfalls, während man bei alkoholischen Getränken zwischen der absoluten und der relativen Fahrunsicherheit unterscheidet. Bei der absoluten Fahrunsicherheit ist der Tatbestand immer erfüllt, wenn ein Fahrzeug geführt wird, ohne Rücksicht darauf, ob dem Fahrer Fahrfehler unterlaufen oder er Ausfallerscheinungen aufweist. Die Rechtsprechung nimmt nach einer Entscheidung des BGH seit 1990 nunmehr für sämtliche Fahrer von Kraftfahrzeugen absolute Fahrunsicherheit bei einer Blutalkoholkonzentration von mindestens 1,1 ‰ an. Bleibt der Wert darunter, spricht man von relativer Fahrunsicherheit, wenn zusätzliche Beweisanzeichen dafür vorhanden sind, dass der Fahrer nicht mehr zum sicheren Führen des Fahrzeugs in der Lage ist. Je näher jedoch die Blutalkoholkonzentration an dem Wert der absoluten Fahrunsicherheit liegt, desto geringere Anforderungen sind an diesen Beweis zu stellen. Es müssen aber

---

219 BGH NZV 2008, 528

immer Ausfallerscheinungen hinzukommen. Diese müssen sich nicht notwendig im Fahrverhalten zeigen, sondern können sich auch aus sonstigen Verhaltensauffälligkeiten des Fahrers vor, während oder nach der Fahrt ergeben. Fahrfehler begründen die Annahme der relativen Fahrunsicherheit immer dann, wenn davon auszugehen ist, dass diese dem Fahrer im nüchternen Zustand nicht unterlaufen wären. Dies ist immer eine Frage des Einzelfalls. Koordinationsstörungen (unsicherer Gang, Torkeln), Sprechstörungen (verwaschene Aussprache, Lallen), unbesonnenes, aggressives oder apathisches Verhalten sprechen gleichfalls massiv für eine relative Fahrunsicherheit. Auch wenn eine Blutprobe fehlt, ist die Feststellung einer durch Alkohol verursachten relativen Fahrunsicherheit durch den Richter in freier Beweiswürdigung zulässig.

Einsatzfahrzeuge – erst recht solche, mit denen Sonderrechte in Anspruch genommen werden – sollten grundsätzlich nur von Fahrern geführt werden, die nüchtern sind[220].

5.2.6 StVG Fahren ohne Fahrerlaubnis § 21

(1) Mit Freiheitsstrafe bis zu einem Jahr oder mit Geldstrafe wird bestraft, wer
1. ein Kraftfahrzeug führt, obwohl er die dazu erforderliche Fahrerlaubnis nicht hat oder ihm das Führen des

---

[220] Rechtfertigender Notstand ist nur in ganz besonderen Ausnahmefällen denkbar, vgl. Fischer, Rechtsfragen bei Feuerwehreinsatz 8.1.3.1 insbesondere Fußnote 14

5.2 Straftaten

Fahrzeugs nach § 44 des Strafgesetzbuchs oder nach § 25 dieses Gesetzes verboten ist, oder
2. als Halter eines Kraftfahrzeugs anordnet oder zulässt, dass jemand das Fahrzeug führt, der die dazu erforderliche Fahrerlaubnis nicht hat oder dem das Führen des Fahrzeugs nach § 44 des Strafgesetzbuchs oder nach § 25 dieses Gesetzes verboten ist.
(2) Mit Freiheitsstrafe bis zu sechs Monaten oder mit Geldstrafe bis zu 180 Tagessätzen wird bestraft, wer
1. eine Tat nach Absatz 1 fahrlässig begeht,
2. vorsätzlich oder fahrlässig ein Kraftfahrzeug führt, obwohl der vorgeschriebene Führerschein nach § 94 der Strafprozessordnung in Verwahrung genommen, sichergestellt oder beschlagnahmt ist, oder
3. vorsätzlich oder fahrlässig als Halter eines Kraftfahrzeugs anordnet oder zulässt, dass jemand das Fahrzeug führt, obwohl der vorgeschriebene Führerschein nach § 94 der Strafprozessordnung in Verwahrung genommen, sichergestellt oder beschlagnahmt ist.

Die Strafvorschrift gilt uneingeschränkt auch für Einsatzfahrzeuge. Ausnahmsweise kann ein Fall des rechtfertigenden Notstandes vorliegen[221].

---

221 Vgl. oben 3.8.4 Ausnahmen von der Fahrerlaubnisverordnung und Fischer, Rechtsfragen beim Feuerwehreinsatz 8.1.3.1

5 Ordnungswidrigkeiten und Straftaten

5.2.7 PflichtVG Fahren ohne Haftpflichtversicherungsschutz § 6

(1) Wer ein Fahrzeug auf öffentlichen Wegen oder Plätzen gebraucht oder den Gebrauch gestattet, obwohl für das Fahrzeug der nach § 1 erforderliche Haftpflichtversicherungsvertrag nicht oder nicht mehr besteht, wird mit Freiheitsstrafe bis zu einem Jahr oder mit Geldstrafe bestraft.
(2) Handelt der Täter fahrlässig, so ist die Strafe Freiheitsstrafe bis zu sechs Monaten oder Geldstrafe bis zu einhundertachtzig Tagessätzen.

Bei Einsatzfahrzeugen eigentlich undenkbar. Sollte in einer Ausnahmesituation ein bereits abgemeldetes oder noch nicht angemeldetes und versichertes Fahrzeug in den Einsatz kommen, kann dies nach § 34 StGB gerechtfertigt sein.

5.2.8 Verfahren

In der Bundesrepublik Deutschland ist das Strafverfahrensrecht im Wesentlichen in der StPO geregelt. Durch sie wird ein rechtsstaatliches Verfahren, die Beachtung der Unschuldsvermutung[222] und der Anspruch auf rechtliches Gehör gem. Art. 103 Abs. 1 GG garantiert.

---

222 Art. 6 Abs. 2 der Konvention zum Schutz der Menschenrechte

5.2 Straftaten

5.2.8.1 Ermittlungsverfahren

Das Strafverfahren ist in Ermittlungs-, Zwischen-, Haupt-, und Vollstreckungsverfahren gegliedert. Besteht der Verdacht einer strafbaren Handlung, haben Staatsanwaltschaft und Polizei von Amts wegen, also auch ohne die Anzeige oder den Antrag eines Bürgers, den Sachverhalt zu erforschen und ein Ermittlungsverfahren einzuleiten[223]. Dabei ist die Staatsanwaltschaft die »Herrin des Verfahrens«. Regelmäßig bedient sich die Staatsanwaltschaft für ihre Ermittlungen der Polizei. Sie kann aber auch bereits im Ermittlungsverfahren technische oder medizinische Sachverständige mit der Erstellung von Gutachten (z. B. Brandursachengutachten, Obduktionen) beauftragen. Ausnahmslos haben sich die Ermittlungen auf alle, also auch die entlastenden Umstände, zu beziehen. Vor dem Abschluss der Ermittlungen ist jeder Beschuldigte unter Eröffnung, welcher Straftat er verdächtig ist, zu vernehmen. Er ist nicht verpflichtet, Angaben zur Sache zu machen oder gar sich selber zu belasten. Wenn der Beschuldigte ohnehin beabsichtigt, einen Verteidiger (Rechtsanwalt) einzuschalten, so ist es sinnvoll, diesen vor der ersten Vernehmung zu beauftragen. Besteht bei dem Beschuldigten Flucht- oder Verdunklungsgefahr, kann auf Antrag der Staatsanwaltschaft das zuständige Amtsgericht einen Haftbefehl erlassen und die Untersuchungshaft anordnen.

---

223 Eine Ausnahme besteht bei reinen Antragsdelikten, die also nur auf Strafantrag verfolgt werden, z. B. bei einer Beleidigung im Straßenverkehr, vgl. §§ 185, 194 Abs. 1 S. 1 StGB.

5 Ordnungswidrigkeiten und Straftaten

5.2.8.2 Zwischenverfahren

Kommt die Staatsanwaltschaft am Ende des Ermittlungsverfahrens zu dem Schluss, dass eine strafbare und strafwürdige Handlung vorliegt, fasst sie den Sachverhalt und ihre rechtliche Würdigung in einer Anklageschrift zusammen und übersendet diese mit den Akten an das zuständige Gericht mit dem Antrag, das Hauptverfahren zu eröffnen.

Nach Eingang der Akten stellt das Gericht dem Angeschuldigten die Anklageschrift zu und setzt ihm eine Frist zur Erklärung (Zwischenverfahren). Nach Ablauf dieser Frist entscheidet das Gericht über die Zulassung der Anklage und die Eröffnung des Hauptverfahrens.

5.2.8.3 Hauptverfahren

Kommt das Gericht bei einer vorläufigen Prüfung zu dem Schluss, dass mit einer Verurteilung zu rechnen ist, eröffnet es das Hauptverfahren und bestimmt einen Termin zur Hauptverhandlung. Anderenfalls lehnt es die Eröffnung des Hauptverfahrens durch Beschluss ab. Im Hauptverhandlungstermin ist der Angeklagte grundsätzlich zur Anwesenheit verpflichtet. Wer nicht erscheint, setzt sich der Gefahr der zwangsweisen Vorführung oder eines Haftbefehls aus. Unter bestimmten Voraussetzungen ist auch eine nachteilige Entscheidung in Abwesenheit möglich.

Der Angeklagte wird nach Aufruf der Sache vom Vorsitzenden zu seinen persönlichen und wirtschaftlichen Verhältnissen vernommen. Im Anschluss daran verliest der Vertreter der Staatsanwaltschaft den Anklagesatz. Dann wird der Angeklagte belehrt, dass er zur Sache keine Angaben machen muss. Ist er aussagebereit, kann er sich zu den Vorwürfen äußern. So weit erforderlich, schließt sich an die Vernehmung des Angeklagten die Beweisaufnahme mit der Vernehmung von Zeugen, Sachverständigen, der Verlesung von Urkunden oder der Einnahme von Augenschein[224] an. Nach Abschluss der Beweisaufnahme halten Staatsanwalt und Verteidiger ihre Schlussvorträge (Plädoyer) und der Angeklagte hat das letzte Wort. Anschließend wird das Urteil verkündet und der Angeklagte über die möglichen Rechtsmittel belehrt. Ist das Urteil rechtskräftig, wird also kein Rechtsmittel rechtzeitig eingelegt, wird es durch die Staatsanwaltschaft vollstreckt.

5.2.8.4 Strafbefehlsverfahren; Einstellung des Verfahrens

In minder schweren Fällen und beim Fehlen von Vorbelastungen wird die Staatsanwaltschaft beim zuständigen Amtsgericht den Erlass eines Strafbefehls beantragen, anstatt Anklage zu erheben. Wenn das Gericht den Strafbefehl erlässt und dem Angeklagten zustellt, hat dieser zwei Wochen Zeit, um hier-

---

[224] Die Einnahme von Augenschein ist ein in § 244 StPO ausdrücklich genanntes Beweismittel. Unter der Einnahme von Augenschein ist jede Betrachtung eines Beweismittels zu sehen, so z. B. auch die Besichtigung einer Brandstelle oder eines Kanisters mit Brandbeschleuniger.

5 Ordnungswidrigkeiten und Straftaten

gegen Einspruch einzulegen. Dann wird über den Fall in einem Hauptverhandlungstermin entschieden. Anderenfalls steht der Strafbefehl einem rechtskräftigen Urteil gleich.

Das Gericht kann mit Zustimmung der Staatsanwaltschaft das Verfahren jederzeit wegen Geringfügigkeit gem. § 153 StPO einstellen. Es besteht auch die Möglichkeit der Einstellung unter Auflagen, z. B. der Zahlung einer Geldbuße (§ 153 a StPO). Im Ermittlungsverfahren kann eine Einstellung auch durch die Staatsanwaltschaft erfolgen. Solche Einstellungen werden nicht in das Bundeszentralregister eingetragen und stellen keine Vorstrafen dar. Bei fahrlässigen Taten Feuerwehrangehöriger im Einsatz wird eine solche Einstellung häufig angezeigt sein.

5.3 Ordnungswidrigkeiten

Eine Ordnungswidrigkeit ist eine rechtswidrige, vorwerfbare Tat, die durch ein Gesetz mit einer Geldbuße bedroht ist. Der Unrechtsgehalt einer Ordnungswidrigkeit liegt deutlich unter dem einer Straftat.

5.3.1 StVG

Das Straßenverkehrsgesetz enthält die zentralen Vorschriften für alle Verkehrsordnungswidrigkeiten.

§ 24 StVG
(1) Ordnungswidrig handelt, wer vorsätzlich oder fahrlässig einer Vorschrift einer auf Grund des § 6 Absatz 1,

5.3 Ordnungswidrigkeiten

des § 6e Absatz 1 oder des § 6g Absatz 4 erlassenen Rechtsverordnung oder einer auf Grund einer solchen Rechtsverordnung ergangenen Anordnung zuwiderhandelt, soweit die Rechtsverordnung für einen bestimmten Tatbestand auf diese Bußgeldvorschrift verweist. Die Verweisung ist nicht erforderlich, soweit die Vorschrift der Rechtsverordnung vor dem 1. Januar 1969 erlassen worden ist.

(2) Die Ordnungswidrigkeit kann mit einer Geldbuße bis zu zweitausend Euro geahndet werden.

§ 24 StVG stellt die rechtliche Grundlage für die Ahndung von Verstößen gegen Vorschriften der auf Grund § 6 Absatz 1, des § 6e Absatz 1 oder des § 6g Absatz 4 StVG erlassenen Rechtsverordnungen, also insbesondere der StVO, FeV, FZV und StVZO dar. Der Verstoß gegen die Rechtsvorschriften verlangt Vorsatz oder Fahrlässigkeit. Die maximal mögliche Geldbuße beträgt nach § 24 Abs. 2 StVG 2.000,00 Euro, im Fall der Fahrlässigkeit jedoch in Verbindung mit § 17 Abs. 2 OWiG maximal nur 1.000,00 Euro. Grundlage für die Bemessung sind nach § 17 Abs. 3 S. 1 OWiG die Bedeutung der Ordnungswidrigkeit und der Vorwurf, der den Täter trifft. Im Bereich der Verkehrsordnungswidrigkeiten hat der Bußgeldkatalog, den das Bundesministerium für Verkehr und digitale Infrastruktur durch Rechtsverordnung mit Zustimmung des Bundesrates aufgrund des § 26a StVG erlassen hat, für die Bemessung der Geldbußen eine entscheidende Bedeutung. Die Bußgeldbehörden sind grundsätzlich an den Bußgeldkatalog gebunden, von dem auch das Gericht im Einspruchsverfahren nicht ohne zwingenden Grund abweichen sollte. Denn der Bußgeld-Ka-

5 Ordnungswidrigkeiten und Straftaten

talog ist als Rechtsverordnung nicht nur für die Bußgeldbehörden, sondern auch für die Gerichte verbindlich[225]. Bei der Verhängung relativ hoher Geldbußen ist allerdings die Leistungsfähigkeit des Betroffenen zu berücksichtigen, da es von ihr abhängt, wie empfindlich oder nachhaltig die Geldbuße ihn trifft. Da es sich bei dem Bußgeldkatalog um Regelsätze handelt, können diese beim Vorliegen von Besonderheiten unterschritten oder überschritten werden.

Das StVG enthält dann in § 24 a StVG einen eigenständigen Bußgeldtatbestand.

§ 24 a StVG 0,5 ‰-Grenze und Verbot berauschender Mittel

(1) Ordnungswidrig handelt, wer im Straßenverkehr ein Kraftfahrzeug führt, obwohl er 0,25 mg/l oder mehr Alkohol in der Atemluft oder 0,5 ‰ oder mehr Alkohol im Blut oder eine Alkoholmenge im Körper hat, die zu einer solchen Atem- oder Blutalkoholkonzentration führt.
(2) Ordnungswidrig handelt, wer unter der Wirkung eines in der Anlage zu dieser Vorschrift genannten berauschenden Mittels im Straßenverkehr ein Kraftfahrzeug führt. Eine solche Wirkung liegt vor, wenn eine in dieser Anlage genannte Substanz im Blut nachgewiesen wird. Satz 1 gilt nicht, wenn die Substanz aus der bestim-

---

225 BGH NZV 92, 117; OLG Düsseldorf NZV 91, 82; 94, 41; OLG Karlsruhe VRS 81, 45; NZV 94, 237; OLG Hamm NZV 96, 246; OLG Karlsruhe NJW 07, 166; Krumm DAR 06, 493

5.3 Ordnungswidrigkeiten

mungsgemäßen Einnahme eines für einen konkreten Krankheitsfall verschriebenen Arzneimittels herrührt.

(3) Ordnungswidrig handelt auch, wer die Tat fahrlässig begeht.

(4) Die Ordnungswidrigkeit kann mit einer Geldbuße bis zu dreitausend Euro geahndet werden.

(5) Das Bundesministerium für Verkehr und digitale Infrastruktur wird ermächtigt, durch Rechtsverordnung im Einvernehmen mit dem Bundesministerium für Gesundheit und Soziale Sicherung und dem Bundesministerium der Justiz und für Verbraucherschutz mit Zustimmung des Bundesrates die Liste der berauschenden Mittel und Substanzen in der Anlage zu dieser Vorschrift zu ändern oder zu ergänzen, wenn dies nach wissenschaftlicher Erkenntnis im Hinblick auf die Sicherheit des Straßenverkehrs erforderlich ist.

Tabelle 3: *Berauschende Mittel*

Berauschende Mittel	Substanzen
Cannabis	Tetrahydrocannabinol (THC)
Heroin	Morphin
Morphin	Morphin
Cocain	Cocain
Cocain	Benzoylecgonin
Amphetamin	Amphetamin
Designer-Amphetamin	Methylendioxyamphetamin (MDA)

Tabelle 3: *Berauschende Mittel – Fortsetzung*

Berauschende Mittel	Substanzen
Designer-Amphetamin	Methylendioxyethylamphetamin (MDE)
Designer-Amphetamin	Methylendioxymetamphetamin (MDMA)

Nach § 24 a StVG ist das Führen eines Kraftfahrzeugs im Straßenverkehr trotz Erreichen einer Blutalkoholkonzentration von 0,5 ‰ oder einer Atemalkoholkonzentration von 0,25 mg/l (Abs. 1) und unter der Wirkung berauschender Mittel (Abs. 2) bußgeldbewehrt. Zwischen der Blutalkoholkonzentration (BAK) von 0,5 ‰ und der Atemalkoholkonzentration (AAK) von 0,25 mg/l ist zwingend zu unterscheiden, da diese in den jeweils anderen Wert nicht umgerechnet werden können[226].

Abs. 2 enthält ein allgemeines Verbot, unter dem Einfluss bestimmter Drogen ein Kraftfahrzeug im Straßenverkehr zu führen. Die Vorschrift enthält kein umfassendes Verbot für alle unter das Betäubungsmittelgesetz fallenden Stoffe. Sie ist ausschließlich auf die in der Anlage zu § 24a StVG enumerativ aufgeführten berauschenden Mittel beschränkt. Zum objektiven Tatbestand gehört bei den jeweiligen in der Anlage genannten Drogen, dass eine Konzentration vorliegt, die überhaupt zu einer berauschenden Wirkung führen kann. Diese

---

[226] die »Faustformel« 2 x mg/l = BAK in ‰ trifft zwar meist zu, ist aber für die Verhängung eines Bußgeldes zu ungenau.

5.3 Ordnungswidrigkeiten

Schwellen sind unterschiedlich. Werden Sie unterschritten, scheidet eine Ahndung nach § 24 a StVG aus[227].

§ 24c StVG Alkoholverbot für Fahranfänger und Fahranfängerinnen
(1) Ordnungswidrig handelt, wer in der Probezeit nach § 2a oder vor Vollendung des 21. Lebensjahres als Führer eines Kraftfahrzeugs im Straßenverkehr alkoholische Getränke zu sich nimmt oder die Fahrt antritt, obwohl er unter der Wirkung eines solchen Getränks steht.
(2) Ordnungswidrig handelt auch, wer die Tat fahrlässig begeht.
(3) Die Ordnungswidrigkeit kann mit einer Geldbuße geahndet werden.

Die erst 2007 eingeführte Vorschrift enthält ein absolutes Alkoholverbot für Fahranfänger in der Probezeit und für Heranwachsende vor Vollendung des 21. Lebensjahres. Die Probezeit ist unabhängig vom Alter des Fahrerlaubnisinhabers und gilt damit auch für ältere Fahranfänger[228]. Sie kann nach § 2a StVG verlängern.

Erfasst ist bereits ein einziger Schluck eines alkoholischen Getränks[229]. Nicht nur das Zusichnehmen alkoholischer Getränke unmittelbar bei dem Fahrvorgang, sondern generell

---

227 Z. B. bei THC (Cannabis) beträgt der Grenzwert 1 ng/ml. Unter dieser Schwelle scheidet eine berauschende Wirkung aus -s. Bönke NZV 05, 272, 273
228 Hentschel/König/Dauer-Dauer § 2a StVG Rdnr. 20
229 Vgl. BRDrs 124/1/07 S 5

während der gesamten Fahrt, also auch beim Halten, erfüllt den Tatbestand.

Aber auch vor der Fahrt darf der Fahrer keine alkoholischen Getränke trinken, wenn er dann bei Fahrtantritt noch unter deren Wirkung steht. Dies ist dann der Fall, wenn bei dem Fahrer der aufgenommene Alkohol zu einer Veränderung physischer oder psychischer Funktionen führen kann und in einer nicht nur völlig unerheblichen Konzentration (im Spurenbereich) im Körper vorhanden ist. Auf die Feststellung einer konkreten alkoholbedingten Beeinträchtigung der für das Führen von Kraftfahrzeugen relevanten Leistungsfähigkeit des Betroffenen kommt es dabei nicht an[230].

5.3.2 Ordnungswidrigkeiten nach StVO, StVZO und FeV

Der Verstoß gegen die Vorschriften der StVO ist in den im einzelnen aufgezählten Fällen nach § 49 StVO ordnungswidrig. Die Ordnungswidrigkeiten nach der StVZO werden ist § 69a StVZO aufgezählt. Gleiches gilt für die FeV in § 75 FeV.

Grundlage für die Ahndung der Ordnungswidrigkeiten ist dann jeweils § 24 StVG.

---

230 Amtl Begr BTDr 16/5047 S 9; BRDrs 124/07 S 7

5.3 Ordnungswidrigkeiten

5.3.3 Rechtfertigender Notstand

Auch die Begehung von Ordnungswidrigkeiten kann durch rechtfertigenden Notstand außerhalb der Sonderrechte gerechtfertigt sein. Ebenso wie § 34 StGB für Straftaten regelt dies § 15 OWiG für Ordnungswidrigkeiten. So kann z. B. ein Verstoß gegen die §§ 24a, 24c StGB (0,5 ‰ Grenze, Alkoholverbot) gerechtfertigt sein, wenn kein anderer Fahrer bei einer dringenden Einsatzfahrt zur Verfügung steht. Jedoch ist auch hier äußerste Zurückhaltung zu wahren. Denn es besteht immer das Risiko, dass aufgrund von Fahrfehlern von einer relativen Fahruntüchtigkeit auszugehen ist und damit eine Strafverfolgung nach den §§ 316 oder 315c StGB droht. Ob die Begehung dieser Straftaten dann durch § 34 StGB gerechtfertigt ist, erscheint auch im Anbetracht anderer Rechtsprechung sehr zweifelhaft[231].

5.3.4 Verfahren (OWiG)

Nach § 47 OWiG liegt die Verfolgung von Ordnungswidrigkeiten im pflichtgemäßen Ermessen der Verwaltungsbehörde, wobei allerdings diese Ermessenausübung teilweise leider etwas verkümmert und nicht bürgerfreundlich wirkt. Auch Bußgeldbehörden können also Ordnungswidrigkeitenverfahren

---

231 Vgl. OLG Celle DAR 1983, 30 = VRS 63,449 (2,06 ‰ gerechtfertigt!), hierzu auf Fischer, Rechtsfragen beim Feuerwehreinsatz, 8.1.3.1 FN 14

5 Ordnungswidrigkeiten und Straftaten

einstellen, wenn eine Ahndung nicht geboten ist. Stellt die Polizei eine Ordnungswidrigkeit fest, so hat sie den Vorgang nach § 53 Abs. 1 S. 3 OWiG an die zuständige Verwaltungsbehörde abzugeben (z. B. Straßenverkehrsamt oder zentrale Bußgeldstelle der Polizeiverwaltung).

Handelt es sich nur um eine geringfügige Ordnungswidrigkeit, kann die Polizei (§ 57 Abs. 2 OWiG) oder die Verwaltungsbehörde (§ 56 OWiG) den Betroffenen verwarnen und ein Verwarnungsgeld von 5 € bis 55 € (§ 56 Abs. 1 S. 1 OWiG) erheben. Ein Verwarnungsgeld muss nicht gezahlt werden. Die Verwarnung wird nur dann wirksam, wenn eine Belehrung über das Weigerungsrecht erfolgt ist und der Betroffene das Verwarnungsgeld innerhalb der gesetzten Frist zahlt. Wird die Verwarnung wirksam, besteht ein Verfolgungshindernis (§ 56 Abs. 4 OWiG). Die Tat kann dann nicht mehr unter den tatsächlichen oder rechtlichen Gesichtspunkten, unter denen die Verwarnung erteilt wurde, verfolgt werden. Wird das Verwarnungsgeld nicht gezahlt oder handelt es sich um eine nicht nur geringfügige Ordnungswidrigkeit, kann ein Bußgeldbescheid (§ 66 OWiG) erlassen werden. Das Mindestmaß der Geldbuße beträgt 5 € und das Höchstmaß 1.000 €, soweit das Gesetz nicht ausdrücklich ein höheres Bußgeld – wie in § 24 Abs. 2 StVG – androht. Nach § 25 StVG kann unter bestimmten Voraussetzungen im Bußgeldbescheid auch ein Fahrverbot bis zu drei Monaten angeordnet werden.

Wird gegen den Bußgeldbescheid nicht innerhalb von 2 Wochen nach Zustellung Einspruch (§ 67 OWiG) eingelegt, wird er rechtskräftig und damit vollstreckbar. Wird Einspruch eingelegt, übersendet die Verwaltungsbehörde die Akten der Staatsanwaltschaft, wenn sie den Bußgeldbescheid nicht selbst

5.3 Ordnungswidrigkeiten

zurücknimmt. Die Staatsanwaltschaft legt das Verfahren dem zuständigen Amtsgericht (§ 68 OWiG) vor, wenn sie es nicht selbst einstellt. Das Gericht kann über den Einspruch außerhalb einer Hauptverhandlung, also ohne mündliche Verhandlung, entscheiden, wenn der Betroffene und die Staatsanwaltschaft nicht widersprechen. Es darf dann nicht zum Nachteil des Betroffenen von dem Bußgeldbescheid abweichen (§ 72 OWiG). Bestimmt das Gericht einen Termin zur Hauptverhandlung, ist der Betroffene zum Erscheinen verpflichtet, wenn er nicht von dieser Pflicht durch das Gericht entbunden ist (§ 73 OWiG). Erscheint der Betroffene unentschuldigt nicht, so ist bei seinem Fernbleiben der Einspruch gegen den Bußgeldbescheid zu verwerfen (§ 74 OWiG). Gegen die Urteile im Ordnungswidrigkeitenverfahren ist die Rechtsbeschwerde unter den Voraussetzungen der §§ 79, 80 OWiG zulässig, über die das Oberlandesgericht entscheidet. Wie bei der Revision können mit der Rechtsbeschwerde nur Rechtsfehler, aber nicht die tatsächlichen Feststellungen im Urteil angegriffen werden. Ist ein Bußgeld rechtskräftig festgesetzt und wird nicht gezahlt, kann das zuständige Amtsgericht Erzwingungshaft anordnen.

6 Fahrphysik

Fragen der Fahrphysik sind für das sichere Führen von Kraftfahrzeugen entscheidend. Auch der vermeintlich beste Fahrer kann die Grenzen der Fahrphysik nicht aushebeln. Kenntnisse der Fahrphysik sind insbesondere für Fahrer von Einsatzfahrzeugen wichtig, da diese durch den ggf. schlechten Zustand des zu befahrenden Weges, der Eilbedürftigkeit und der Inanspruchnahme von Sonderrechten sowie des Fehlverhaltens anderer eine höhere Wahrscheinlichkeit haben, in kritische Fahrsituationen zu geraten, als der »Normalfahrer«. Im Folgenden werden daher Grundlagen der Fahrphysik erläutert.

6.1 Geschwindigkeit und gefahrene Strecke

Die Geschwindigkeit ist die zurückgelegte Entfernung in einer bestimmten Zeit. Die Geschwindigkeit von Fahrzeugen wird in Europa in Kilometern pro Stunde (km/h) angegeben. Es gilt:

$$Geschwindigkeit = \frac{Weg}{Zeit} > v = \frac{s}{t}$$

$$v = \frac{km}{h}$$

Formel 1: *Geschwindigkeit*

6.1 Geschwindigkeit und gefahrene Strecke

Für die Betrachtung fahrphysikalischer Fragen im Bereich der Verkehrssicherheit ist die Angabe der Geschwindigkeit im km/h jedoch nicht geeignet. Erforderlich ist hier eine Umrechnung von der zurückgelegten Strecke in einer Stunde auf die zurückgelegte Strecke in Metern in pro Sekunde. Da eine Stunde 3600 Sekunden hat, ermittelt sich der Wert

Geschwindikeit (v) in km/h dividiert durch 3,6
$$= m/sec$$

Formel 2 *Geschwindigkeit in m/s*

Der erforderliche Sicherheitsabstand in Metern zu vorausfahrenden Fahrzeugen von 1,5 Sekunden[232]: errechnet sich mithin nach der Formel

$$s = \frac{v}{3,6} \times t$$

Formel 3 *erforderlicher Sicherheitsabstand*

Beispiel für 120 km/h:

$$s = \frac{120}{3,6} \times 1,5 = 50\ m$$

Formel 4 *Sicherheitsabstand (Beispiel)*

---

232 S.o. 1.2.2.2 § 4 Abstand

6 Fahrphysik

Komplizierter ist es die für ein sicheres Überholen erforderliche Strecke auszurechnen[233]:

Die Formel für die Überholstrecke ist

$$S = \frac{v_1}{(v_1 - v_2)} \times (l_1 + l_2 + s_1 + s_2)$$

Formel 5 *Überholweg*

Daraus errechnet sich z. B. bei einer Einsatzfahrt mit einem Löschfahrzeug mit 60 km/h bei einen mit 40 km/h fahrenden Lkw eine Überholstrecke von 241,5 m[234]. Die hierfür benötigte Überholzeit errechnet sich nach der Formel

$$t = \frac{s}{v}$$

Formel 6 *Überholzeit*

Das ergibt hier 241,5 m / 16,66 m/sec = eine Überholzeit von 14,5 sec. Bei der Nutzung der Gegenfahrbahn ist die Strecke hinzuzurechnen, die ein entgegenkommendes Fahrzeug mit der dort zulässigen Höchstgeschwindigkeit zurücklegen kann[235].

---

233 S.o. 1.2.2.2.§ 5 Überholen
234 l_1 angenommen 8,50 m; l_2 angenommen 12 m ergibt nach der obigen Formel: 60 / (60-20)*(8,5 + 12 + 30 + 30) = 3 * 80,5 = 241,5
235 Burmann/Heß/Hühnermann/Jahnke § 5 Rdnr. 19

6.2 Brems- und Anhalteweg

Geht man bei einer normalen Straße von 100 km/h aus kommen nach der Formel

$$s = v_{max} \times t$$

Formel 7 *Überholstrecke*

= 100/3,6 * 14,5 = 403 m hinzu. Dies bedeutet, dass im obigen Beispiel eine Strecke von ca. 650 m für einen sicheren Überholvorgang übersehbar sein muss.

6.2 Brems- und Anhalteweg

Bremsweg ist die Strecke s, die ein Fahrzeug nach Betätigung der Betriebsbremse bis zum Stillstand zurücklegt. Neben der Wirksamkeit der Bremse ist diese von dem Reifenzustand und dem Straßenzustand abhängig. Es gilt die Formel

$$s = \frac{v^2_{(m/s)}}{2 \times a}$$

Formel 8 *Bremsweg*

Der Bremsweg s errechnet sich also aus der Geschwindigkeit in m/s² geteilt durch den zweifachen Wert der Verzögerung a. Der Wert der Verzögerung lässt sich durch Bremsversuche auf unterschiedlichen Fahrbahnen ermitteln. Fährt ein Fahrzeug (Lkw) mit einer Geschwindigkeit von 60 km/h und kommt nach Einleitung der Bremsung nach 23 m zum Stillstand, gilt für die Berechnung des Verzögerungswertes a:

6 Fahrphysik

$$a = \frac{v^2_{(m/s)}}{2\,s} = \frac{(60 \div 3{,}6)^2}{2 \times 23} \cong 6\ m/s$$

Formel 9 *Verzögerungswert im m/s*

Bei der Berechnung kann man als Anhaltspunkt von folgenden Werten ausgehen:

Tabelle 4: *Bremsverzögerungen*

Fahrzeugart	Fahrbahnzustand (Asphalt)	Bremsverzögerung in m/s^2
Lkw	trocken	5 – 7 (vorgeschriebene Mindestverzögerung 4)
Lkw	nass	4 -6
Pkw/Lkw	Schnee/Eis abhängig. von Beschaffenheit und Bereifung	1 – 3,5
Pkw	trocken	7- 8
Pkw	Nass	6 -7

Wichtig ist die Erkenntnis, dass der Bremsweg im Quadrat zur Geschwindigkeit wächst. Dies bedeutet z. B., dass eine Verdoppelung der Geschwindigkeit die Vervierfachung des Bremsweges zur Folge hat.

6.2 Brems- und Anhalteweg

Entscheidend für die Unfallvermeidung und daher auch für die rechtliche Betrachtung von Verkehrsvorgängen ist jedoch nicht der Bremsweg, sondern der Anhalteweg. Bei ihm kommt die in der Reaktionszeit gefahrene Strecke hinzu. Bei der Reaktionszeit (t) handelt es sich um eine schwer bestimmbare Variable, die von vielen verkehrsmedizinischen und verkehrspsychologischen Umständen abhängt. Außerdem muss noch die Zeit hinzugerechnet werden, die bis zum Betätigen der Bremse (Umsetzzeit) und bis zum Ansprechen der Bremse (Schwellzeit) vergeht. Zur Sicherheit empfiehlt es sich hier insgesamt von einem Wert von 1,5 Sekunden für die gesamte Bremszeit auszugehen. Der Anhalteweg beträgt also

$$s = \left(\frac{v_{(m/s)}^2}{2 \times a}\right) + (t_{Reaktion} \times v_{(m/s)})$$

Formel 10 *Anhalteweg*

Dies ergibt bei einem Lkw beispielhaft folgende Werte (Schneeglätte a = 1,5; trockene Fahrbahn a = 4,5):

Während der Lkw mit 30 km/h nach 20,22 m zum Stillstand kommt, fährt er mit 50 km/h nach dieser Entfernung noch völlig ungebremst ggf. gegen ein Hindernis. Im Vergleich ist der Anhalteweg eines Pkw deutlich geringer.

6 Fahrphysik

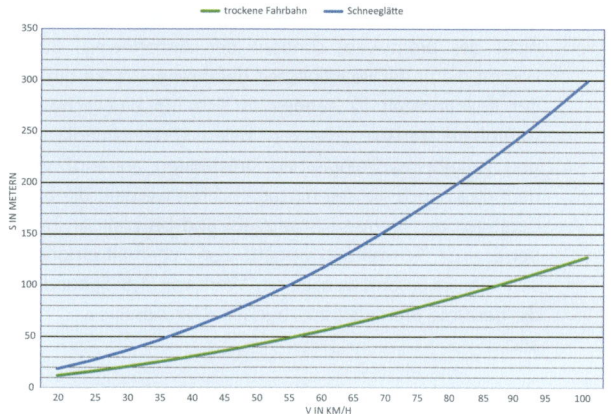

Bild 1: *Anhalteweg Lkw*

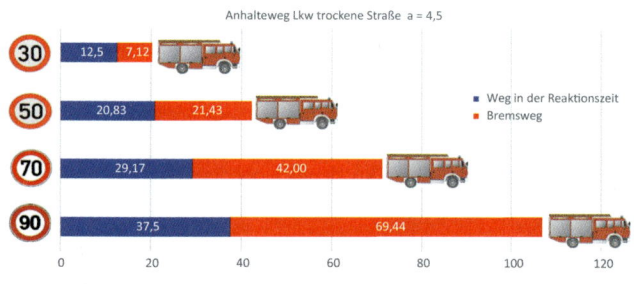

Bild 2: *Anhalteweg Lkw trockene Straße*

6.3 Kurvengrenzgeschwindigkeit

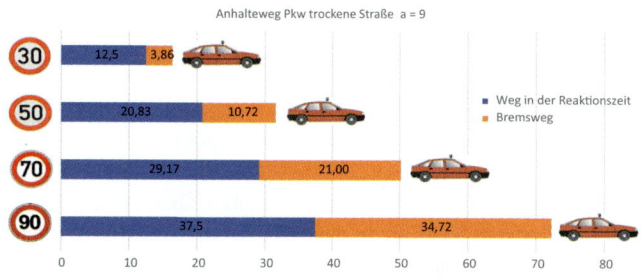

Bild 3: *Anhalteweg Pkw trockene Straße*

Die Details eines Bremsvorgangs sind ungleich komplizierter, wenn man noch die Achslastverschiebung beim Bremsvorgang berücksichtigt. Für eine optimale Bremsung wird versucht, diese ungünstige Achslastverschiebung durch die Bremskraftverteilung auszugleichen. Für die grundsätzliche und rechtliche relevante Einschätzung des Bremsvorgangs können dies Details hier jedoch unberücksichtigt bleiben, da es für die Berechnung des Bremsvorgangs ausreicht, von der Gesamtbremskraft des Fahrzeugs auszugehen.

6.3 Kurvengrenzgeschwindigkeit

Bei jeder Kurve gibt es eine maximale mögliche Geschwindigkeit, mit der diese durchfahren werden kann, ohne dass das Fahrzeug die vorgegebene Kurvenbahn verlässt. Diese sogenannte Kurvengrenzgeschwindigkeit v_{max} errechnet sich aus

6 Fahrphysik

der Querbeschleunigung a_q und dem Kurvenradius r. Es gilt die Formel

$$v_{max} = \sqrt{a_q \times r}$$

Formel 11 *Kurvengrenzgeschwindigkeit*

Wird die Kurvengrenzgeschwindigkeit überschritten, ist die Fliehkraft höher als die durch den Reifenkontakt zur Fahrbahn erzeugten Seitenführungskräfte; das Fahrzeug bricht aus. Die Fliehkraft ist abhängig von der Geschwindigkeit und dem Kurvenradius. Berücksichtigt man zusätzlich auch die Masse des Fahrzeugs erhält man die Fliehkraft F_F in Newton (N):

$$F_F = m \times a_q \times \frac{v^2}{r}$$

Formel 12 *Fliehkraft*

Die Fliehkraft nimmt also zu, je höher die Masse und je höher die Geschwindigkeit ist. Im Hinblick auf die Geschwindigkeit wachsen auch die Fliehkräfte quadratisch. Die doppelte Geschwindigkeit vervierfacht also die Fliehkräfte und dreifache Geschwindigkeit verneunfacht diese.

Die Schwierigkeit liegt in der richtigen Ermittlung der Querbeschleunigung a_q. Diese ist wie die Verzögerung bei der Ermittlung des Bremswegs vom Straßenzustand und der Bereifung und der Geschwindigkeit sowie dem fahrerischen Können abhängig. Beim größtmöglichen Haftbeiwert können maximale Querbeschleunigungen von dem 1,0- bis 1,1-fachen der Erd-

6.3 Kurvengrenzgeschwindigkeit

beschleunigung (g = 9,81 m/s²) auftreten. Dies entspricht einer theoretisch maximalen Querbeschleunigung von rund 9,80 bis 10,80 m/s². In Messungen wurden allerdings nur Maximalwerte von 0,73 bis 0,8 g für Pkw bestimmt. Dies entspricht Querbeschleunigungen von etwa 7,2 bis 7,8 m/s² [236]. Für eine Kurve mit einem Radius von 100 Metern ergibt sich damit für einen Pkw eine Kurvengrenzgeschwindigkeit von

$$\sqrt{(7,5 \times 100)} = 27,38\,m/s \times 3,6 = 98\,km/h$$

Formel 13 *Beispiel Kurvengrenzgeschwindigkeit*

Wird die Kurve schneller durchfahren, bricht das Fahrzeug zwangsläufig aus. Bei einer niedrigeren max. Querbeschleunigung z. B. aufgrund von Schnellglätte ist diese Kurvengrenzgeschwindigkeit dann natürlich wesentlich geringer. Für die gleiche Kurve ergibt sich bei Schneeglätte folgende Berechnung.

$$\sqrt{(1,0 \times 100)} = 10,00\,\frac{m}{s} \times 3,6 = 36\,km/h$$

Formel 14 *Beispiel Kurvengrenzgeschwindigkeit Schneeglätte*

Glätte führt logischerweise also dazu, dass das Fahrzeug wesentlich schneller ausbricht.

---

[236] Stephan Schmidl, Untersuchung des Fahrverhaltens in unterschiedlichen Kurvenradien bei trockener Fahrbahn, Masterarbeit für das Fachgebiet des Verkehrswesens. S. 4

6 Fahrphysik

6.3 Der Kraftschluss Reifen/Fahrbahn

Die Kraftübertragung zwischen Reifen und Fahrbahn durch Haft- bzw. Reibungskräfte bezeichnet man als Kraftschluss. Erst durch den Kraftschluss werden Beschleunigung, Abbremsung und Fahrtrichtungswechsel eines Fahrzeuges möglich.

Die Höhe des Kraftschlusses ergibt sich aus dem Reibbeiwert µ zwischen Reifen und Fahrbahnoberfläche. Für die Berechnung der Kraft F_R, die zum Beschleunigen, Bremsen oder Lenken (Seitenführungskraft) zwischen Reifen und Fahrbahn zur Verfügung steht, gilt die Formel

$$\text{Kraft} = \text{Reibbeiwert} \times \text{Radlast} \rightarrow F_R = \mu \times F_{Rad}$$

Formel 15 *Seitenführungskraft*

Ist der Reibbeiwert µ hoch, dann ist hoher Kraftschluss vorhanden. Ist er hingegen niedrig, dann ist auch der Kraftschluss niedrig, so dass sich Brems- und Fahreigenschaften negativ verändern. Für den Bremsweg gilt, dass die Verzögerung a dann gleichfalls niedrig ist und sich der Bremsweg verlängert[237].

Bei dem Reibbeiwert unterscheidet man außerdem zwischen Haftreibung, bei der das Fahrzeug steht oder sich mit rollenden, nicht blockierten Rädern bewegt und der Gleitreibung. Bei dieser rutscht das Fahrzeug mit blockierten Rädern über die Fahrbahn. Bei trockener Fahrbahn ist der geringere Wert der Gleitreibung unwesentlich, bei nasser oder glatter Fahrbahn verringert er sich

---

237 S.o.

jedoch nochmal bis auf die Hälfte der Haftreibung. Daher sorgt gerade bei Nässe und Glätte das Antiblockiersystem eines Fahrzeugs auch für kürzere Bremswege. Denn für möglichst kurze Bremswege bei ungünstigen Fahrbahnverhältnissen ist das Blockieren der Räder in jedem Fall zu unterbinden.

6.4 Folgen des Blockierens der Räder

Das Blockieren der Räder bei einer Bremsung hat zur Folge, dass es keine Haftreibung, sondern eine Gleitreibung gibt. Deren Reibbeiwert μ ist insbesondere bei ohnehin glatten Fahrbahnverhältnissen niedriger, verlängert also den Bremsweg (s. o.). Von entscheidender Bedeutung ist jedoch der Verlust der Seitenführungskräfte beim Blockieren der Räder. Denn blockieren die Räder, wird der gesamte Kraftschluss für die Bremsung, also die Verzögerung verbraucht. Das Fahrzeug ist nicht mehr lenkbar. Es schiebt, ohne auf Lenkbewegungen zu reagieren in der ursprünglichen Fahrtrichtung weiter. Kommt in einer Kurve die Fliehkraft hinzu, bricht das Fahrzeug aus. Ein Unfall ist unvermeidlich.

6.5 Kippgefahren

Wenn ein Fahrzeug auf ebener Fahrbahn steht, wirkt seine Gewichtskraft F_G senkrecht auf die Räder ein. Das Fahrzeug steht stabil. Neigt sich das Fahrzeug zur Seite, bilden die äußeren Kanten der Räder die Kipplinie. Überschneidet die senkrecht wirkende Gewichtskraft diese Kipplinie, dann stürzt das Fahrzeug unweigerlich zur Seite. Die Kipplinie wird desto schneller

6 Fahrphysik

überschnitten, je höher der Schwerpunkt des Fahrzeugs liegt. Damit bestehen besondere Gefahren und Anforderungen an den Fahrer bei Fahrzeugen mit hohem Schwerpunkt.

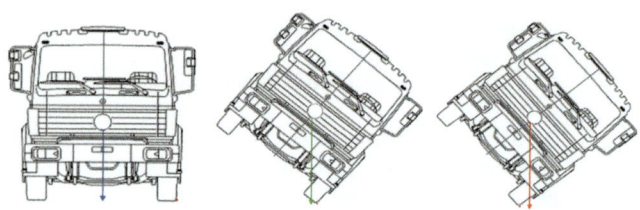

Bild 4: *Kipppunkt: Das Fahrzeug hat seinen Schwerpunkt am Anfangspunkt der farbigen Linie, die die Schwerkraft FG kennzeichnet. Bei einem Winkel von 0 Grad wird diese gleichmäßig auf die Räder ein. Bei einem Winkel von 40 Grad liegt diese gefährlich nahe am Kipppunkt (rot) und bei 50 Grad deutlich dahinter. Das Fahrzeug stürzt unweigerlich um.*

Ursachen für das Überschreiten der Kipplinie kann neben der Fahrbahnneigung im Gelände[238] auch die bei Kurvenfahrten auftretende Fliehkraft F_F sein. Aus der Fliehkraft F_F und der Gewichtskraft F_G ergibt sich eine resultierende Kraft F_{Res}, die gegen die Seitenführungskräfte der Reifen arbeitet. Ist die Fliehkraft höher als die Seitenführungskräfte, bricht das Fahr-

---

238 Zu Fahrten im Gelände s. Thorns, Einsatz- und Geländefahrten, Rotes Heft 206, Kap. 9

zeug aus (s. o.). Überschneidet die resultierende Kraft F_{Res} hingegen die Kipplinie, stürzt das Fahrzeug um.

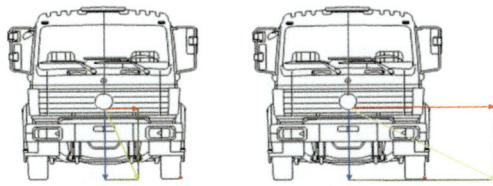

Bild 5: *Fliehkraft: Die Fliehkraft F F nimmt bei Kurvenfahrt nach der Formel F F = m × a q × v 2 r quadratisch zur Geschwindigkeit und in Abhängigkeit vom Kurvenradius zu. Eine Verdoppelung der Geschwindigkeit für also zu einer vervierfachung der Fliehkraft. Liegt dann die aus dem Gewicht FG und der Fliehkraft F F die resultierende Kraft F_{Res} hinter der Kipplinie des Fahrzeugs (roter Punkt) kippt dieses zur Seite.*

6.6 Energie beim Unfall

Die Energie, die beim Bremsen nicht abgebaut werden kann, wird bei einem Unfall als Aufprallenergie E_{kin} frei. Diese kann dann das entsprechende Schadensbild verursachen. Diese kinetische Energie ist abhängig von der Masse und der Geschwindigkeit. Es gilt zur Berechnung die Formel

$$E_{kin} = m \times \frac{v^2}{2}$$

Formel 16 *kinetische Energie*

6 Fahrphysik

Tabelle 5: *Kinetische Energie*

Kinetische Energie beim Aufprall Pkw 2000 kg und Lkw 40000 kg				
Eingabe möglich von v und M				
Geschwindigkeit v in km/h	Masse m in kg	Energie kJ	Masse in Kg	Energie in kJoules
10	2000	8	40000	154
20	2000	31	40000	617
30	2000	69	40000	1389
40	2000	123	40000	2469
50	2000	193	40000	3858
60	2000	278	40000	5556
70	2000	378	40000	7562
80	2000	494	40000	9877
90	2000	625	40000	12500
100	2000	772		
110	2000	934		
120	2000	1111		
130	2000	1304		
140	2000	1512		
150	2000	1736		
160	2000	1975		

Ein 40 t Lkw hat schon bei 30 km/h mehr Aufprallenergie als ein Pkw mit ca. 130 km/h, nämlich 1.389 kJ. Bei einem HLF mit 15 t ist es bei 30 km/h schon das doppelte von einem Pkw mit 80 km/h nämlich 521 kJ. Bei Frontalunfällen im Gegenverkehr addiert

6.6 Energie beim Unfall

Tabelle 5: *Kinetische Energie – Fortsetzung*

Kinetische Energie beim Aufprall Pkw 2000 kg und Lkw 40000 kg			
170	2000	2230	sich die Energie der beteiligten Fahrzeuge. Vereinfacht und zur Veranschaulichung entspricht 1 kJ 1 kN und dieses ungefähr einer Gewichtskraft von 1 t.
180	2000	2500	
190	2000	2785	
200	2000	3086	

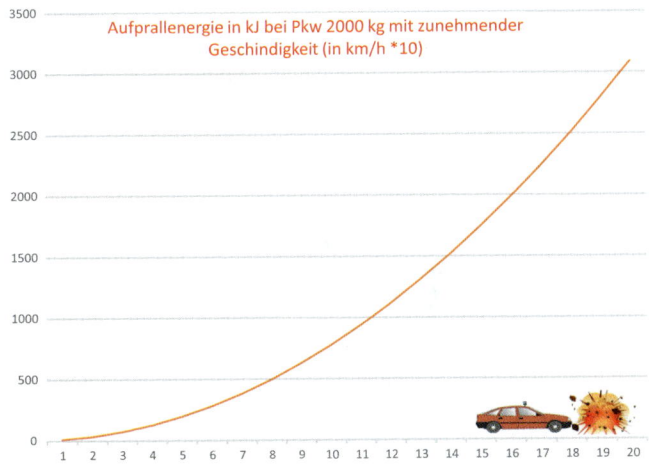

Bild 6: *Aufprallenergie Pkw*

221

6 Fahrphysik

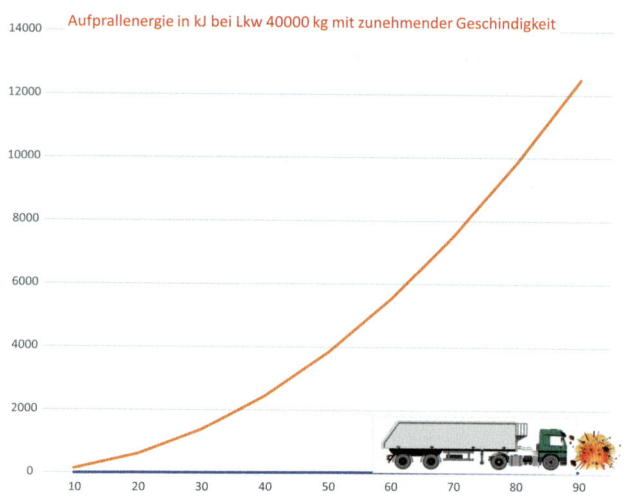

Bild 7: *Aufprallenergie Lkw*

Bei Unfällen können aus solchen Werten Sachverständige umgekehrt aufgrund von Bremsspuren und die durch den Abbau der kinetischen Energie verursachten Verformungen am Fahrzeug die Ausgangsgeschwindigkeit der Fahrzeuge im Rahmen von Unfallrekonstruktionsgutachten errechnen.

Innerhalb des Fahrzeugs geht durch die potenzielle kinetische Energie bei einem Aufprall von ungesicherter Ladung eine erhebliche Gefahr aus. Auch für durch eine Bremsung oder bei einem Aufprall stark beschleunigte ungesicherte Ladung gilt die obige Formel

6.6 Energie beim Unfall

Ein 25 kg schweres Teil, welches bei einem Aufprall auf 30 km/ beschleunigt wird, erzeugt mithin eine kinetische Energie von ca. 0,87 kJ, was – vereinfacht zur Veranschaulichung ausgedrückt - einer Gewichtskraft von ca. 0,91 t entspricht.

$$E_{kin} = m * \frac{v^2}{2} = 25 \times \frac{\left(\frac{30}{3,6}\right)^2}{2} = 0{,}868 \text{ kJ}$$

7 Fahrpsychologie

Im Allgemeinen wird von Fahrpsychologie bzw. Verkehrspsychologie nur im Zusammenhang mit der Fahreignung und der sogenannten MPU (medizinisch-psychologische Untersuchung) zur Erlangung oder Wiedererlangung der Fahrerlaubnis gesprochen. Von nicht zu unterschätzender Bedeutung sind Fragen der Fahrpsychologie aber auch für eine sichere Einsatzfahrt. Dabei geht es nicht nur um psychologische Aspekte beim Fahrer des Einsatzfahrzeugs. Ebenso wichtig ist die Einschätzung des Verhaltens anderer Kraftfahrer im Hinblick auf sich nähernde Einsatzfahrzeuge.

7.1 Stress

Stressreaktionen sind natürliche Reaktionen, mit denen der Körper auf Gefahrensituationen reagiert und versucht, alle für das Überleben wichtigen Funktionen zu beschleunigen. Die Herzfrequenz steigt, der Atem beschleunigt, die Muskeln spannen sich an und die Pupillen weiten sich. Das präzise arbeitende, aber wesentlich langsamere Großhirn wird in seiner Funktion reduziert und schnelle instinktive Reaktionen gefördert. Dies erfolgt durch die Freisetzung von Nervenbotenstoffen (z. B. Adrenalin, Noradrenalin, Kortisol usw.), die unter anderem Herzschlag, Blutdruck und Blutzuckerspiegel erhöhen.

Damit ist Stress zunächst einmal eine positive Reaktion. Dauerhafter Stress kann hingegen krank machen. Vom Stress

7.1 Stress

zu unterscheiden ist die Überforderung. Hier kann der Fahrer die individuellen Anforderungen nicht mehr erfüllen, sodass es zu Fahrfehlern und fehlerhaftem Verhalten kommt. Daher sind Überforderungssituationen zwingend zu vermeiden.

Bei Einsatzfahrten ist Stress hingegen nicht zu vermeiden. Wer meint, eine Einsatzfahrt führe bei ihm nicht zu Stress, irrt oder ist aufgrund des Verlustes normaler psychischer und letztlich positiver Reaktionen nicht mehr oder nur noch bedingt fahrtauglich.

Übermäßiger und damit negativer Stress oder gar eine Überforderung sind zu vermeiden. Leichte technische Bedienbarkeit des Fahrzeugs (Automatik bzw. automatisierte Getriebe, gute Übersichtlichkeit, einfache Bedienbarkeit der Sondersignalanlage) minimieren Stress und geben dem Fahrer die Möglichkeit, sich intensiver auf den Verkehr zu konzentrieren.

Der Fahrer eines Einsatzfahrzeuges sollte zur Stessminderung zudem Folgendes beachten:

- Er konzentriert sich allein auf die Fahrt und versucht, die mögliche Situation am Einsatzort weitgehend auszublenden
- Er macht sich klar, dass der Einsatzerfolg nicht von Sekunden abhängt und übermäßige Geschwindigkeiten nur sehr kurze Zeitersparungen bringen.
- Er nimmt Rücksicht auf die Mannschaft im Fahrzeug.
- Er akzeptiert berechtigte Kritik der Mitfahrer an seinem Fahrstil.
- er verzichtet darauf, das Fahrverhalten anderer Verkehrsteilnehmer ständig zu kommentieren.

7 Fahrpsychologie

- Er beteiligt sich nicht an Gesprächen insbesondere nicht über die zu erwartende Einsatzsituation und vermeidet emotional aufgeladene Diskussionen während der Fahrt.
- Er überträgt dem Beifahrer Aufgaben, die ihm das Fahren des Einsatzfahrzeuges erleichtern (ggf. auch das Ein- und Ausschalten des Einsatzhorns).
- Er reagiert gelassen auf Fehler anderer.
- Er lässt sich von seinen Mitfahrern nicht zu einer Fahrweise animieren, die riskant ist oder ihn überfordert.

7.2 Aggression

Der Begriff Aggression kommt von dem lateinischen Wort »aggredere«, welches mit »herangehen« und »angreifen« übersetzt werden kann. Im allgemeinen Sprachgebrauch ist meist nicht das positive intensive Herangehen an ein Problem, sondern der Angriff gemeint. Dieser ist ein absichtlich feindseliges Verhalten, mit dem direkten oder bedingtem Willen einen anderen zu schaden. Bei Aggressionen ist zwischen spontanem und kaum nachvollziehbarem Handeln und sich durch ein aktuelles Geschehen aufbauenden und dann plötzlich nach einer Eskalationsphase ausbrechenden Angriffen zu unterscheiden. Im Straßenverkehr zeigt sich aggressives Verhalten durch Auffahren, Drängeln, Schneiden, Dauerlinksfahren, Behindern, unnötigem Einsatz der Hupe oder Lichthupe bis hin zum bewussten Herbeiführen von Unfällen. Hintergrund von Aggressionen ist häufig der Wille zum ungestörten und schnellen Vorankommen bei der Auffassung andere Verkehrsteilnehmer begingen Fahrfehler, die dieses Ziel erschweren. Festzuhalten ist, dass Aggression im Straßenverkehr eine Domäne von Männern ist[239].

Aggressives Verhalten hat im Straßenverkehr nichts zu suchen. Wer seinen Aggressionen freien Lauf lässt, verkennt Gefahrensituationen, wird rücksichtslos und begibt sich in ein stark erhöhtes Unfallrisiko. Es liegen Hinweise dafür vor, dass aggressives Verhalten durch die Persönlichkeitsstruktur des Fahrers vorgegeben ist. Bei gleichen Verkehrssituationen wirken diese je nach Persönlichkeit unterschiedlich aggressionsauslösend[240]. Fällt ein Fahrer öfters durch aggressives Fahrverhalten bei niedriger Reizschwelle auf, so ist er zum Führen von Einsatzfahrzeugen mit Sonderrechten ungeeignet. Denn der Zeitdruck bei Sonderrechtsfahrten ist immer ein potentieller Aggressionsauslöser

7.3 Fehleinschätzungen

7.3.1 Fahrkönnen

Die häufigste Fehleinschätzung ist die des allgemeinen eigenen Fahrkönnens. Das Selbstbild von Fahrern ist übertrieben positiv.

---

239 Ca 85 % aller wegen Verkehrsdelikten verurteilten Straftäter sind Männer
240 Dieter Klebelsberg, Verkehrspsychologie, Springer-Verlag, 3.6.23

7 Fahrpsychologie

Mehrere unabhängige Untersuchungen[241] belegen, dass nur 1 % aller Fahrer ihre fahrerischen Qualitäten unterdurchschnittlich einordnen. Der ganz überwiegende Teil sieht sich als sehr guten oder guten Fahrer, wobei sich diese Einschätzung selbst nach nachgewiesenen Fahrfehlern, die als einmalige Ausrutscher abgetan werden, nicht oder nur kaum ändert.

Aber auch Fehleinschätzungen des aktuellen Fahrvermögens nach Erkrankung, Alkoholaufnahme, Medikamentenaufnahme oder altersbedingter Einschränkungen sind eher die Regel als die Ausnahme. Gerade von Fahrern von Einsatzfahrzeugen ist jedoch immer eine selbstkritische Prüfung der eigenen Fahrtüchtigkeit gefordert. Wer eine Grippe hat, kommt sicher kaum auf die Idee, unter Atemschutz im Brandeinsatz vorzugehen, er ist aber auch nicht geeignet, als Fahrer eine Sonderrechtsfahrt durchzuführen.

7.3.2 Geschwindigkeit

Versuche haben gezeigt, dass viele Fahrer sowohl die eigene Geschwindigkeit als auch die Geschwindigkeit anderer Fahrzeuge, häufig erheblich und damit im Zweifel unfallrelevant unterschätzen. Gerade beim Überholen hängt das Risiko jedoch auch wesentlich von einer richtigen Einschätzung der Geschwindigkeit ab. Das Schätzen von Geschwindigkeiten ist schwierig, kann aber bis zu einem gewissen Grad trainiert werden.

---

241 Klebbelsberg a.a.O 3.6.14 m.w.N.

7.3.3 Abstand, Entfernungen

Abstand und Entfernungen werden individuell mit extremen Abweichungen geschätzt[242]. Entfernungen sind leichter zu schätzen als Geschwindigkeiten. Auch hier gilt, dass man durchaus durch Training seine Schätzgenauigkeit verbessern kann.

7.4 Alter und Erfahrung

Die risikoreichste Gruppe bei schweren Verkehrsunfällen zumeist durch überhöhte Geschwindigkeit sind junge Männer bis ca. 24 Jahre. Dies lässt sich auch durch Statistiken belegen[243].

---

242 Es gibt Erfahrungen bei Ortsterminen in Gerichtsverfahren, wo Entfernungen von ca. 90 m von 80 m bis zu 400 m geschätzt wurden.

243 Vgl. Deutscher Verkehrssicherheitsrat: -Unfallstatistik Junge Erwachsene 2017: »Im Jahr 2017 verunglückten in Deutschland insgesamt 62.966 junge Männer und Frauen dieser Altersgruppe im Straßenverkehr, 394 junge Erwachsene wurden getötet. Damit waren 16,1 % aller Verletzten und 12,4 % aller Getöteten im Straßenverkehr im Alter von 18 bis 24 Jahren, obwohl nur jeder 13. der Gesamtbevölkerung (7,7 %) dazu zählte.«; Frankfurter Rundschau 04.06.2019 »Junge Männer müssen für die Kfz-Versicherung im Schnitt 30 Prozent mehr zahlen. Der Grund: Männliche Fahrer unter 24 Jahren haben im Vergleich mit der Gesamtbevölkerung ein doppelt so hohes Verkehrsunfallrisiko; R. Hoppe, A. Tekaat, L. Woltring Förderung der Verkehrssicherheit durch differenzierte Ansprache junger Fahrerinnen und Fahrer, in Bericht der Bundesanstalt für das Straßenwesen Heft M 165: »bei der Gruppe der 18-24jährigen die unangepasste Geschwindigkeit als unmittelbare Unfallursache im Vordergrund«.

7 Fahrpsychologie

Auch wenn »Mann« es nicht hören will, Frauen sind im Hinblick auf das Verkehrsunfallgeschehen die besseren Autofahrer.

Im Hinblick auf Fahrten mit Einsatzfahrzeugen durch junge Fahrer ergeben sich im Regelfall aufgrund der besonderen Schulung und der Tatsache, dass allein durch die Anwesenheit eines Beifahrers eine psychosoziale Kontrolle stattfindet, keine übermäßigen unkalkulierbaren Risiken. Ein Problem können allerdings junge Feuerwehrangehörige sein, die mit ihren Privatfahrzeugen zum Feuerwehrhaus oder sogar direkt zur Einsatzstelle fahren. Hier sind Fälle bekannt, wo Übereifer mit Unerfahrenheit und erhöhter Risikobereitschaft zu schweren, ja tödlichen Verkehrsunfällen geführt haben. Daher ist besonders hier eine intensive Aufklärung sowohl über rechtliche Grenzen und Folgen, aber auch fahrphysikalische Grundsätze erforderlich.

In den letzten Jahren ist eine negative Entwicklung der Anzahl von Straßenverkehrsunfällen verursacht durch Senioren (über 65 Jahre) zu beobachten. Diese Entwicklung korrespondiert mit der demografischen Entwicklung und führt damit deutlich überproportional zu einer Erhöhung der durch diese Altersgruppe verursachten Unfälle. Senioren werden zwar nur selten als Fahrer von Einsatzfahrzeugen am Straßenverkehr teilnehmen[244], sie sind jedoch bei Einsatzfahrten für den Fahrer des Einsatzfahrzeugs durch ihr Verhalten als andere Verkehrsteilnehmer in bestimmten Situationen eher eine Gefahr als

---

244 Auszuschließen ist dies jedoch nicht, da in vielen Bundesländern die Altersgrenze für den Einsatzdienst in der Freiwilligen Feuerwehr mittlerweile bei der Regelaltersgrenze nach § 35 SGB VI liegt; vgl. z. B. § 9 VOFF NRW

jüngere Verkehrsteilnehmer. In Testreihen haben sich deutliche Altersgruppenunterschiede in der sensorischen, motorischen und kognitiven Leistungsfähigkeit ergeben, die die verminderte Leistungsfähigkeit von Senioren belegen[245]. Dies führt jedoch nicht automatisch zu einem risikoreicheren Fahrverhalten. Bis zu einem gewissen Grad gleichen Senioren ihre Defizite durch Erfahrung und unterschiedliche Kompensationsstrategien aus, die ihnen helfen, verminderte Leistungsfähigkeiten auszugleichen. Diese Kompensation hat allerdings ihre Grenzen. Erhöhte Anforderungen können häufiger nicht mehr sicher bewältigt werden. Zu einer solchen erhöhten Anforderung, die dann nicht nur zu Stress, sondern einer Überforderung führt, kann bereits ein sich näherndes Einsatzfahrzeug führen. Dann wird bei einer solchen Überforderung entweder nur verzögert, überhaupt nicht oder falsch reagiert.

7.5 Müdigkeit

Müdigkeit verändert das Fahrverhalten. Festgestellt wurden bei verkehrspsychologischen Untersuchungen eine Abnahme des Reaktionsvermögens und eine Zunahme von Fahrfehlern. Mit zunehmender Ermüdung steigern sich die Ausfälle beim Fahrer:

---

[245] Weller, Schlag, Rößger, Butterwegge, Gehlert, Gesamtverband der Deutschen Versicherungswirtschaft e. V., Forschungsbericht Nr. 22 - http://www.udv.de/download/file/fid/9278

7 Fahrpsychologie

- Es kommt zu Problemen beim Halten der Fahrspur.
- Der Blick wird starr Richtung Tunnelblick, so dass Gefahren im Randbereich nicht mehr wahrgenommen werden.
- Verkehrszeichen und Richtungsschilder werden übersehen.
- Die Geschwindigkeit ist nicht mehr der Verkehrslage angepasst.
- Die Augen schließen sich unwillkürlich, die Sehschärfe nimmt ab.
- Die Konzentration nimmt stark ab.
- Es kommt zu nervöser, gereizter oder aggressiver Stimmung.
- Sekundenschlaf tritt ein.

Wer am Steuer einschläft, ist absolut fahruntüchtig und begeht bei einem Unfall oder einer konkreten Gefährdung anderer eine fahrlässige Straftat nach § 315 c Abs. 1 Nr. 1 b; Abs. 3 Nr. 2 StGB, die nach § 69 StGB im Regelfall zur Entziehung der Fahrerlaubnis führt.

7.6 Medikamente, Berauschende Mittel

Alkohol wirkt sich individuell sehr unterschiedlich auf das Fahrverhalten aus. Die Alkoholwirkung auf den einzelnen Fahrer hängt unter anderem von der Höhe der Blutalkoholkonzentration, der Trinkzeit, dem Körpergewicht, der Magenfüllung und der körperlichen Konstitution und Verfassung, aber auch von der Alkoholgewöhnung ab.

7.6 Medikamente, Berauschende Mittel

Ab einer Blutalkoholkonzentration 0,2 ‰ kann es zu folgenden Einschränkungen kommen:
- Konzentration, Koordinationsvermögen und Reflexe lassen nach.
- Entfernungen werden falsch eingeschätzt.
- Das Sehvermögen sinkt.
- Sorglosigkeit und Risikobereitschaft wachsen.

Ab 0,6 bis 0,7 ‰ sind folgende Störungen wahrscheinlich
- Die Orientierung im Raum ist gestört: Distanzen zu Objekten werden falsch eingeschätzt.
- Die Geschwindigkeit wird stark unterschätzt.
- Der Gleichgewichtssinn ist beeinträchtigt: Dies kann zu Fahrfehlern in Kurven führen.
- Das Sehvermögen ist gestört: Bewegungsunschärfe, Blickfeld um 25 % reduziert.
- Das Hörvermögen ist eingeschränkt.
- Die Anpassung an Lichtveränderungen verändert sich: Blendempfindlichkeit.
- Die Reaktionszeit verdoppelt sich.
- Die Motorik ist gestört.
- Die Ablenkbarkeit steigt, die Aufmerksamkeitsspanne sinkt.
- Der Bewegungsdrang, Leichtsinn, Sorglosigkeit nehmen zu.
- Die Enthemmung und Euphorisierung oder evtl. Reizbarkeit setzen ein.
- Ein subjektives Gefühl gesteigerter Leistungsfähigkeit ist verbunden mit einer tatsächlichen (objektiven) Leistungseinschränkung.

7 Fahrpsychologie

Ab 1,1 ‰ besteht absolute Fahruntüchtigkeit. Denn ab diesem Wert sind gravierende Vergiftungserscheinungen physiologisch erwiesen. Es gibt keine, auch keine alkoholgewöhnten Personen, die bei dieser Alkoholisierung ohne die Fahrtüchtigkeit erheblich einschränkende Ausfälle der verkehrswichtigen psychischen und physiologischen Funktionen fahren können.

Andere berauschende Mittel, Betäubungsmittel oder Medikamente führen zu ähnlichen Funktionsstörungen und zur Fahruntüchtigkeit. In Verbindung mit Alkohol können sich ihre Wirkungen noch verstärken.

7.7 Reaktionen anderer Verkehrsteilnehmer

Der Fahrer eines Einsatzfahrzeuges muss insbesondere mit folgenden häufig auftretenden fehlerhaften Reaktionen von anderen Verkehrsteilnehmern rechnen:

- Das Einsatzfahrzeug wird trotz eingeschalteten Sondersignalen nicht oder verspätet wahrgenommen.
- Es wird nicht freie Bahn geschaffen.
- Die Rettungsgasse wird nicht gebildet.
- Fahrzeuge schließen plötzlich wieder die Rettungsgasse oder hängen sich sogar an das Einsatzfahrzeug an.
- Der Vorrang des Einsatzfahrzeuges wird nicht gewährt.
- Vor einem sich nähernden Einsatzfahrzeug wird plötzlich sehr stark ggf. bis zum Stillstand abgebremst,

- insbesondere wenn erst kurz zuvor das Einsatzhorn eingeschaltet wird.
- Vor einem sich nähernden Einsatzfahrzeug wird auch an engen stellen oder gar im Kreisverkehr gehalten.
- Fahrer sind so überfordert, dass sie den Motor ihres Fahrzeugs abwürgen.

Fehlerhaftes Verhalten anderer Verkehrsteilnehmer wird nicht besser, wenn es bei Fahrer des Einsatzfahrzeuges zu Ärger oder Aggressionen führt. Mit fehlerhaften Verhalten anderer muss souverän, ruhig und sachlich umgegangen werden. Insbesondere, wenn das Fehlverhalten auf offensichtlich Überforderung besteht, ist die Situation nur durch ruhiges und überlegtes Handeln zu lösen. Bremst jemand bei Ertönen des Einsatzhornes bis zum Stillstand, hält im Kreisverkehr und würgt auch noch den Fahrzeugmotor ab, muss für ihn der Stress reduziert werden, um überhaupt weiter zu kommen. Der Fahrer des Einsatzfahrzeugs kann die Überforderungssituation dadurch entschärfen, dass er kurzfristig erstmal das Einsatzhorn auszuschalten.

7.8 Kommunikation, Verständigung

Moderner Straßenverkehr ist ohne Kommunikation zwischen den einzelnen Verkehrsteilnehmern nicht möglich. Kommunikation bedeutet insoweit den Austausch von Informationen zwischen den Verkehrsteilnehmern. Durch Kommunikation werden Gefahrenstellen, Vorfahrtsberechtigungen und Fahr-

7 Fahrpsychologie

absichten erkennbar. Sie geschieht im Straßenverkehr normalerweise visuell und nonverbal durch die technischen, insbesondere lichttechnischen Einrichtungen der beteiligten Fahrzeuge. Zu denken ist an Bremslichter, Fahrtrichtungsanzeiger, Warnblinklicht, Lichthupe, aber auch blaues und gelbes Blinklicht. Hinzu kommen akustische Signaleinrichtungen wie die Hupe (Schallzeichen gem. § 16 StVO) oder das Einsatzhorn.

Auch bei einer Einsatzfahrt mit eingeschalteter Sondersignalanlage sollte immer in ausreichender Weise mittels Fahrtrichtungsanzeiger versucht werden, den anderen Verkehrsteilnehmern rechtzeitig die beabsichtigte Fahrstrecke anzuzeigen. Hierdurch können diese ihre Fahrweise leichter auf das Sonderrechtsfahrzeug einstellen und häufig einfacher freie Bahn schaffen. Missverständliche (Kommunikation) Zeichen erhöhen die Unfallgefahr.

Im Einzelfall kann auch durch Handzeichen (Winken) – im Einsatzfahrzeug ggf. auch durch den Beifahrer – eine unklare oder schwierige Verkehrssituation aufgelöst werden. Wichtig ist, dass immer die Reaktion des anderen Verkehrsteilnehmers zu beobachten ist, um Missverständnisse zu vermeiden. Insbesondere beim Verzicht auf Vorrangrechte muss darauf geachtet werden, dass dieser eindeutig ist.

In besonderen Fällen kann es sogar angezeigt sein, die Außenlautsprecheranlage eines Einsatzfahrzeugs zu nutzen, um anderen Verkehrsteilnehmern das vom Einsatzfahrer gewünschte Verkehrsverhalten mitzuteilen.

Abkürzungsverzeichnis

a.a.O.	Am angegebenen Ort
Abs.	Absatz
Bay, bay	Bayern, bayrisch
BB, brbg	Brandenburg, brandenburgisch
BbergG	Bundesberggesetz
BeamtVG	Beamten Versorgungsgesetz
Berl, berl	Berlin, berliner
BF	Berufsfeuerwehr
BGB	Bürgerliches Gesetzbuch
BGH	Bundesgerichtshof
BHKG	Gesetz über den Brandschutz, die Hilfeleistung und den Katastrophenschutz NRW
BKG	Brand- und Katastrophenschutzgesetz
BPol, BPolG	Bundespolizei, Bundespolizeigesetz
Br, br	Bremen, bremisch
BremHilfeG	Bremer Hilfeleistungsgesetz
BSchG	Brandschutzgesetz (e)
BVerfG, E	Bundesverfassungsgericht, Entscheidungen des BverfG
BverwG	Bundesverwaltungsgericht
BW, bw	Baden-Württemberg, baden-württembergisch
DBAG	Deutsche Bahn AG
ff	fortfolgende
FF	Freiwillige Feuerwehr

Abkürzungsverzeichnis

FSHG	Gesetz über den Feuerschutz und die Hilfeleistung (NRW alt)
FwDV	Feuerwehr-Dienstvorschrift
FwG	Feuerwehrgesetz
GewO	Gewerbeordnung
GG	Grundgesetz für die Bundesrepublik Deutschland
GGVS/E	Verordnung über die innerstaatliche und grenzüberschreitende Beförderung gefährlicher Güter auf Straßen und Schiene
GMBl	Gemeinsames Ministerialblatt
GVG	Gerichtsverfassungsgesetz
Hes, hes	Hessen, hessisch
HBKG	Hessisches Brand- und Katastrophenschutzgesetz
Hmb, hmb	Hamburg, hamburgisch
MV	Mecklenburg-Vorpommern
Nds., nds.	Niedersachsen, niedersächsisch
NJW	Neue Juristische Wochenschrift
NRW, nrw	Nordrhein-Westfalen, nordrhein-westfälisch
OLG	Oberlandesgericht
OWiG	Gesetz über Ordnungswidrigkeiten
PflVG	Pflichtversicherungsgesetz
Rh.-Pf.; rhpf	Rheinland-Pfalz, rheinland-pfälzisch
S.	Satz
Sa, sa	Sachsen, sächsisch
SächsBRKG	Sächsisches Gesetz über den Brandschutz, Rettungsdienst und Katastrophenschutz
Sa.-Anh.	Sachsen-Anhalt

Abkürzungsverzeichnis

Saarl, saarl	Saarland, saarländisch
Schl-H, schlh.	Schleswig-Holstein, schleswig-holsteinisch
SBKG	SBKG saarländisches Brand- und Katastrophenschutzgesetz
SgEFeu	Sammlung gerichtlicher Entscheidungen des Landesfeuerwehrverbandes NRW (auch auf CD-ROM)
sog.	So genannte/r/s
StGB	Strafgesetzbuch
StPO	Strafprozessordnung
StVG	Straßenverkehrsgesetz
StVO	Straßenverkehrsordnung
StVZO	Straßenverkehrszulassungsordnung
Thür, thür	Thüringen, thüringisch
VA	Verwaltungsakt
VersR	Versicherungsrecht (Zeitschrift)
VMBl.	Ministerialblatt des Bundesministeriums der Verteidigung
VwGO	Verwaltungsgerichtsordnung
VwVfG	Verwaltungsverfahrensgesetz
VwVG	Verwaltungsvollstreckungsgesetz
WerkfwVO	Werkfeuerwehr-Verordnung
WF	Werkfeuerwehr
StrG, StrWG	Straßengesetz; Straßen- und Wegegesetz
VG	Verwaltungsgericht
Pkw	Personenkraftwagen
Lkw	Lastkraftwagen
FeV	Fahrerlaubnisverordnung
PolG	Polizeigesetz

Literaturverzeichnis

Burmann/Heß/Hühnermann/Jahnke: Straßenverkehrsrecht, 25. Auflage, C.H. Beck, 2017.
Fehn, K./Selen, S.: Rechtshandbuch für Feuerwehr- und Rettungsdienst, 3. Auflage, Stumpf + Kossendey, 2010.
Fischer, J.: Rechtsfragen beim Feuerwehreinsatz, 4., erweiterte und überarbeitete Auflage, W. Kohlhammer Verlag, 2017.
Fischer, J.: Rechtsgrundlagen in: BRANDSchutz/Deutsche Feuerwehr-Zeitung (Hrsg.): Das Feuerwehr-Lehrbuch. Grundlagen – Technik – Taktik, 6., aktualisierte Auflage, W. Kohlhammer Verlag, 2019.
Hentschel/König/Dauer: Straßenverkehrsrecht, 45. Auflage, C.H. Beck, 2019.
Klebelsberg, D.: Verkehrspsychologie, Springer, 1982.
Schmidl, S.: Untersuchung des Fahrverhaltens in unterschiedlichen Kurvenradien bei trockener Fahrbahn, Masterarbeit Universität Wien, 2011.
Schneider, K.: Feuerwehr im Straßenverkehr, 2., überarbeitete Auflage, W. Kohlhammer Verlag, 1995.
Thorns, J.: Einsatz- und Geländefahrten, W. Kohlhammer Verlag, 2005.
Wackerhahn, J./Schubert, R.: Absicherung von Einsatzstellen, W. Kohlhammer Verlag, 2007.
Wasielewski, A.: Sonderrechte im Einsatz Einsatzfahrten von Rettungsdienst, Feuerwehr und Polizei, 2. Auflage, Lehmann Media-Lob, 2005.

Zeitschriften
BeckRS: BeckRS (Rechtsprechung), C.H. Beck.
BRANDSchutz: BRANDSchutz/Deutsche Feuerwehr-Zeitung, W. Kohlhammer Verlag.
DAR: Deutsches Auto Recht, ADAC.

Literaturverzeichnis

DER FEUERWEHRMANN: Zeitschrift des Landesfeuerwehrverbandes NRW, später des Verbandes der Feuerwehren NRW, Verband der Feuerwehren NRW.

DER Notarzt: Zeitschrift Notfallmedizinische Informationen, Georg Thieme Verlag KG Stuttgart New York.

EINSATZ NRW: Zeitschrift des Verbandes der Feuerwehren NRW, Verband der Feuerwehren NRW.

NJW: Neue Juristische Wochenzeitschrift, C.H. Beck.

NVwZ: Neue Zeitschrift für Verwaltungsrecht, C.H. Beck.

NZV: Neue Zeitschrift für Verkehrsrecht, C.H. Beck.

SgE Feu: Sammlung gerichtlicher Entscheidungen zum Feuerschutz, Rettungsdienst u. Katastrophenschutz, Verband der Feuerwehren NRW.

SVR: Straßenverkehrsrecht, Zeitschrift für die Praxis des Verkehrsjuristen, Nomos.

VersR: Versicherungsrecht Zeitschrift für Versicherungsrecht, Haftungs- und Schadensrecht, C.H. Beck.

VM: Verkehrsrechtliche Mitteilungen, Kirschbaum.

VRS: Verkehrsrechts-Sammlung, Erich Schmidt.

Stichwortverzeichnis

0,5 ‰-Grenze 198

A

Abblendlicht 43
abschleppen 37
Abstand 23, 79, 229
– Faustformel 23
– geschlossener Verband 42
Achslastverschiebung 213
Aggression 226
Alkohol 189, 228, 232
– absolutes Alkoholverbot 201
Amtshaftung 160
Amtshilfe 72
Amtspflichtverletzung 162
Anhalteweg 211
Anhänger
– des Katastrophenschutzes und für Rettungsboote 146
– für Feuerlöschzwecke 146
Atemalkohol 200
Aufprallenergie 219
Ausbildung 154
Ausbremsen 184
Autobahn 88, 114–115

B

Bagatellschaden 175
Beamte
– Haftung 163
– haftungsrechtliche 161
Begegnungsverkehr 26
Behinderung 78
Belästigungen 78
Betäubungsmittel 234
Betriebsfeuerwehr 61
Beurteilungsspielraum 74
blaues Blinklicht 127
Blaulicht 109–110, 112, 127
blockierte Einsatzwege 149
Bremsweg 209, 217
Bundespolizei 59, 71
Bundeswehr 59, 61, 64, 71
Bußgeldkatalog 197

C

Container 49

D

Dachaufsetzer 123
Dash-Cams 153
Deutsche Bahn 61, 116
Dieselfahrverbot 45
Dringlichkeit 72–73, 112
Durchfahrtsraum 150

Stichwortverzeichnis

E
Einsatzhorn 112, 114, 130
Engstelle 150
Ermittlungsverfahren 193
Europäisches Recht 14–15

F
Fahrbahn
– Verengung 26
Fahren ohne Fahrerlaubnis 191
Fahren ohne Versicherungsschutz 192
Fahrer
– Haftung 164
Fahrerlaubnis 131
– Feuerwehrführerschein 139
– Geltungsdauer 138
fahrlässige Tötung 181
Fahrlässigkeit 169
Fahrpsychologie 224
Fahrsicherheitstraining 155
Fahrsimulator 155
Fahrunsicherheit 189
Fahrverbot 45, 204
Fahrzeuge
– des Rettungsdienstes 65
Fehlverhalten 79–80
Feldweg 27, 81
Feuerwehr 60, 71
– RTW 64
Fliehkraft 214, 218
Freistellungsanspruch 164
Führerschein 132
Funkgerät 152

Fußgängerüberweg 40

G
Gefährdung des Straßenverkehrs 186
Gegenverkehr 25–26
Geländefahrten 49
Geldbuße 196, 204
– Höchstsumme bei Verkehrsordnungswidrigkeiten 197
geschlossener Verband 42
Geschwindigkeit 79, 206, 228
– Grundregel 22
Gesetzgebungszuständigkeit 13
Glätte 217
Grundstücksausfahrten 27–28

H
Haftung 156
– Gefährdungshaftung 156
Halten 32
Halter 126
Hauptverfahren 194
Heckwarnsysteme 128
höchste Eile 66, 112
hoheitliche Aufgaben 70
höhere Gewalt 158

K
Katastrophenschutz 59, 61, 64, 72

Stichwortverzeichnis

Kipplinie 217
Kraftschluss 216
Kreisverkehr 28, 83
Kreuzung 81, 113–114
Kurvengrenzgeschwindigkeit 214

L
Ladung 222
Lichtzeichenanlage 84–85
– Vorrangschaltung 84

M
Mängel am Fahrzeug 36
Medikamente 189, 228, 234
Mitverschulden 165
Mobiltelefon 38, 151
Müdigkeit 231

N
Nässe 217
Notfallmanager 116
Notfallseelsorger 74
Nötigung im Straßenverkehr 183

O
Ordnungswidrigkeit 167, 196

P
Parken 32
Polizei 53, 62, 193, 203–204
Polizeibeamte 83

Privatfahrzeug 63, 120, 162, 164
– Umweltzone; Dieselfahrverbot 46–47
Prüfungspflichten 36

R
Rauschgift 189
Rauschmittel 200
Reaktionsvermögen 231
rechtfertigenden Notstand 203
Rechtfertigender Notstand 178
Rechtsanwalt 193
Rechtsverordnungen 17
Rechtswidrigkeit 171
Rettungsdienst 63, 65
– Notarzteinsatzfahrzeug 67, 69
Rettungsgasse 30, 89, 115
Rücksichtnahme 19, 77
Rücksichtslosigkeit 188

S
Schuldfähigkeit 171–172
Seitenführungskraft 216
Sicherheit und Ordnung 75
Sicherheitsabstand 23, 207
Sicherheitsgurt 33, 37
Sonderrechte 55
Sorgfaltspflicht 18, 20, 75–76, 80, 82, 90, 127, 158, 170
Staatsanwaltschaft 167, 193

Stichwortverzeichnis

Standstreifen 31
stockender Verkehr 30, 88
Strafbefehl 195
Straftaten 168, 172
Strafverfahren 192
Straßenverkehrsgesetz 16
Straßenverkehrsordnung 17
Stress 224, 235

T
Tierrettung 73–74
Trunkenheit im Verkehr 188

U
Überholen 24, 80
Überholstrecke 208
Überholzeit 208
Übungsfahrten 117–118
Unerlaubtes Entfernen vom Unfallort 173
Unfall 49–50, 175
Unfallbeteiligter 175
Unfalldatenschreiber 154
Unfallhilfswagen 115–116
Unterlassen 170

V
Verbot
– der Gefährdung anderer 20
– der Schädigung anderer 20
– des Behinderns anderer 20
Verkehrssicherheit 36
Verkehrsstörungen 31
Verteidiger 193
Vertrauensgrundsatzes 31
Verwaltungsvorschriften 17
Verwarnungsgeld 204
Verzicht 31, 40
Vorbeifahren 81
Vorfahrt 27, 81
– im Kreisverkehr 29
– Verzicht 28
Vorfahrtsregel 26
Vorrang
– Verzicht 40
Vorrangrecht 86–87, 109, 113–114, 116

W
Waldweg 27, 81
Wechselladerfahrzeuge 49
Wegerechte 108
Werkfeuerwehr 60, 71

Z
Zebrastreifen 40
Zolldienst 59
Zulassung 145

4., erw. und überarb. Auflage 2017. 273 Seiten mit 2 Abb. Kart. € 15,–
ISBN 978-3-17-026263-8
Die Roten Hefte Nr. 68

Ralf Fischer

Rechtsfragen beim Feuerwehreinsatz

Einsatzkräfte und insbesondere Führungskräfte stehen im Einsatzfall oft unter hohem Zeit- und Erfolgsdruck. Dabei haben sie Entscheidungen zu treffen, die auch späteren gerichtlichen Nachprüfungen standhalten müssen. Deshalb sind im Einsatzgeschehen rechtliche Grundkenntnisse erforderlich, insbesondere dann, wenn in die Rechte unbeteiligter Dritter eingegriffen wird. Der Autor erörtert anhand zahlreicher Beispielfälle systematisch rechtliche Fragen des Feuerwehreinsatzes und berücksichtigt dabei die aktuelle Gesetzgebung.

W. Kohlhammer GmbH · www.kohlhammer-feuerwehr.de

2013. 103 Seiten mit 55 Abb.
Kart. € 9,90
ISBN 978-3-17-021861-1
Die Roten Hefte/
Ausbildung kompakt Nr. 220

Björn Liedtke

Sichern und Stabilisieren von Fahrzeugen

Der Sicherung und Stabilisierung von Kraftfahrzeugen nach Unfällen kommt eine große Bedeutung zu, damit eingeklemmte Personen – aber auch Einsatzkräfte – nicht durch ungewollte Fahrzeugbewegungen gefährdet werden. Das Rote Heft/ Ausbildung kompakt stellt die Aufgaben der Sicherung und Stabilisierung, wichtige Konstruktionsmerkmale von Kraftfahrzeugen, verschiedene Materialien und Geräte zum Sichern und Stabilisieren sowie die korrekte Vorgehensweise praxisorientiert und anschaulich dar. Hinweise zur Bewältigung besonders schwieriger Lagen runden den Inhalt ab.

W. Kohlhammer GmbH · www.kohlhammer-feuerwehr.de